青少年
气象科普
知识漫谈

Qingshaonian Qixiang Kepu Zhishi Mantan

《气象知识》编辑部 编

吓人的风暴雷电

Xiaren
de Fengbao
Leidian

U0393347

气象出版社
China Meteorological Press

图书在版编目（CIP）数据

吓人的风暴雷电/《气象知识》编辑部编. —北京：
气象出版社，2012.12（2016.10 重印）
（青少年气象科普知识漫谈）
ISBN 978-7-5029-5591-5

Ⅰ．①吓… Ⅱ．①气… Ⅲ．①气象学 – 青年读物
②气象学 – 少年读物 Ⅳ．①P4-49

中国版本图书馆 CIP 数据核字（2012）第 237141 号

出版发行：气象出版社
地　　址：北京市海淀区中关村南大街 46 号
邮政编码：100081
网　　址：http：//www.qxcbs.com
E-mail：qxcbs@ cma.gov.cn
电　　话：总编室：010-68407112；发行部：010-68409198
责任编辑：侯娅南　胡育峰
终　　审：章澄昌
封面设计：符　赋
责任技编：吴庭芳
印 刷 者：北京京科印刷有限公司
开　　本：710 mm×1000 mm　1/16
印　　张：7
字　　数：84 千字
版　　次：2013 年 1 月第 1 版
印　　次：2016 年 10 月第 6 次印刷
定　　价：12.00 元

CONTENTS

目 录

台 风

局地风灾

沙尘暴

雷　电

台风

亦喜亦忧话台风

◎ 汪勤模 李 云

一年又一年的夏秋季节，一个又一个的台风问世，面对这海上来的庞然大物，人们不免胆战心惊，然而有时又期盼着它的光临。自古以来，人类就是在这样矛盾中警觉它，认识它，研究它，防御它；就是在这样矛盾中年复一年地与台风"共处"着。

说起台风（长期以来世界各地对它叫法不一，仅在西太平洋和南海区域称为台风，在大西洋和东太平洋称为飓风，在印度洋和孟加拉湾称为热带风暴，在澳大利亚称为热带气旋，如今我们所说的台风，它是被划属为风力达12级及其以上的热带气旋，按照习惯，本文仍约定俗成地沿用台风一词)，人们往往首先想到的是它劣迹斑斑的履历和十恶不赦的罪行。可是，你可曾想到过台风也会给人类带来好处吗?

解除伏旱 功不可没

以南亚和东亚地区为例，台风降雨占全年雨量的大部分。如果没有台风，这些地区庄稼的生长，农业的发展就会受到很大的影响。我国亦是如此。

梅雨期一过，我国南方广大地区受副热带高压控制，进入了伏旱季节。灌溉条件不佳的"望天田"更会受到干旱的严重威胁。唐代杜甫曾有诗曰，"安得鞭雷公，滂沱洗吴越"，就很形象地描述了那些为干旱折磨的人望眼欲穿、千呼万唤那遥远海洋上风神雨伯的紧迫心情。如果此时有台风正好来临，那简直就成了"雪中送炭"的及时雨了。

2003 年夏季，长江中下游以南大部分出现了历史上少见的少雨高温天气。特别是 7 月至 8 月上旬，长江以南大部分降水量仅 50～200 毫米，普遍偏少 3～8 成。由于持续高温少雨，致使江南、华南等地旱情迅速发展，部分地区发生了伏秋连旱。

然而，如《全国气候影响评价 2003》中所指出的，"2003 年，台风带来的降雨对缓解华南、江南部分地区的伏秋旱十分有利"。书中列举了三个台风的影响情况，其中 2003 年 8 月 25 日在海南省文昌市登陆的"科罗旺"台风，"在海南、广东大部、广西大部、云南中部等地降了大到暴雨"，"给华南旱区带来了难逢的及时雨，对促进农作物生长非常有利，极大地缓解了困扰数月的严重旱情，同时不少大小水库吃饱喝足，为冬季瓜菜和来年旱造生产用水提供了有力的保障，水电企业也因此而受益"。再如 2001 年 7 月 6 日在广东惠东和海丰交界处登陆的"尤特"台风，使两广、湖南、福建等地受灾，直接经济损失达 169 亿多元，邕江南宁大坑口出现 77.42 米的最高水位，是新中国成立以来发生的最大洪水。然而，这个台风带来的风雨彻底解除了南粤大地多日的高温酷暑，使部分地区的干旱也得以缓解。

其实，追溯历史，古代文明的发展又何尝与台风没有关系呢？

大洋西岸古文化的发展动力

大约在 10000 年以前，地球结束了第四纪大冰期，进入较为温暖的

间冰期。在此时期前后，地球上开始了早期的人类文化，如古代的华夏文化、印度文化以及中美洲的玛雅文化。古代玛雅人生活的地区就在今天的墨西哥尤卡坦半岛、洪都拉斯和危地马拉一带。早在公元前1000多年，玛雅人在这里独立地创造了他们的文字，在中美洲密林深处建起了100多座城市，他们建造的太阳金字塔比古埃及的胡夫大金字塔还要古老。该地区东临大西洋的加勒比海，如同产生华夏文化的古中国以及印度文化的古印度分别位于太平洋西岸和印度洋北部一样，恰恰是世界上台风最多的三个海域之一。由于台风为这些地区送来宝贵的生命甘泉——淡水，使这里土地肥沃，水草丰美，人类世世代代生活在这里，从而促进了物种的进化和文明的发展。20世纪80年代美国宇航探测系统透过茂密的森林发现了古代玛雅人修建的排水沟渠网的遗迹，就是玛雅时期农业相当发达的明证。尤其要指出的是，如前所述，在这些地区的旱季，台风降雨虽然猛烈，却给这广大地区带来了福音。

不过，我们在喜欢台风为人类造福的同时，千万不要忘了它那狂风、暴雨、巨浪所显露出的狰狞一面。

涂炭生灵的刽子手

据世界气象组织报告，全球每年死于台风的有2万~3万人，西太平洋沿岸国家平均每年因台风造成的经济损失为40亿美元。

1780年10月，一场飓风荡平西印度群岛的巴巴多斯岛，大约2万人丧生。法国历史学家里克拉斯如此形容道："飓风像脱缰的野马旋转着横扫巴巴多斯岛，发出巨大的吼声，藏在地窖里的人连自己房屋倒塌的声音都听不到。整家被倒塌的自家房屋埋没了，遍地是血肉模糊的尸体。当时的情景好似天崩地裂，山摇地动。"

　　1970 年月 12 日，热带风暴袭击了孟加拉湾，30 万人死于非命，造成了 20 世纪最悲惨的一次灾难。

　　1959 年 9 月 26 日，"薇拉"台风袭击日本，使名古屋市几成废墟。

　　在我国，人们不会忘记黑色的"75·8"，那也是由台风余威深入河南后造成的。2001 年的"桃芝"台风，在台湾使 83 人丧生，130 人失踪，与影响台湾最强的 1963 年"葛乐礼"台风造成的死亡人数相差无几。

　　面对这个令人类又喜又忧的海上来客，人们总是在想方设法，力图搞清台风的面目和行踪。

从一筹莫展到了如指掌

　　台风发生在烟波浩渺的海面上。在过去漫长的岁月里，由于缺乏有

效的探测工具，以致人们对它的监测一筹莫展，只好凭借台风靠近陆地时激起的海浪、海况以及天空中云系分布等来推测洋面上是否出现台风以及它的位置和行动方向。如我国闽粤沿海渔民中流传着"一斗东风三斗雨"，"六月北风，水浸鸡笼"等就是看风报台风的经验。在加勒比海地区，18世纪流传着这样一首歌谣：六月飓风远，七月飓风近，八月勤监视，九月不要忘，十月无踪影。然而靠着这些不完整的经验，在许多情况下，由于台风的突然出现，人们还没有意识到，就带来了意料不到的严重灾难。

一位气象学家说得好：一旦台风靠近大陆，最好的防御就是情报。惨重的教训告诫人们，必须要有可靠的台风情报资料。随着物理学和化学的发展，18世纪以后，地面大气观测仪器的发明和使用，为取得定量气象资料创造了条件，特别是20世纪中期以来。无线电探空仪、气象雷达、气象探测飞机的问世，成为探测台风的有力工具。而20世纪60年代开始投入使用的气象卫星，居高临下，鸟瞰大地，日夜监视着台风的一举一动。自那以后，全世界各大洋上发生的台风都没有逃过它那锐利"千里眼"的监视。如今，上有气象卫星俯视，中有气象探测飞机侦察，下有气象雷达、海上浮标、船舶、探空站、常规气象站等监视，组成了一个立体监测网络，又有高速运行的计算机"加盟"，加上一个个台风监测预报模式和系统的建立，以致使台风在它一"出世"时就能被人们捕捉到，并且适时发出台风预报、警报信息。

当然，要取得比较详细的第一手资料，莫过于飞机直接钻进台风区内进行侦察了。第一个直接驾机钻台风的是一位美国空军上校达克沃思。1943年他驾驶一架单发动机的教练机飞入台风眼，这一冒险成功使他获得"飓风猎人"的称号。从此以后，美国飞机探测台风没有间断过。每年，美国空军数架C-130涡轮螺旋桨机要作数十次飞行，跟踪和警戒台风。20世纪90年代，美国最新"飓风猎人"型飞机"海湾4号"喷气式飞机能够在台风顶部附近15千米高度上飞行，从而能够绘制出飓风眼区及其附近流场图像。50多年来，"飓风猎人"作了上千次穿越飞行，取得了相当大的成功，只有一架在大西洋上空消失，三架在太平洋上空消失。

随着探索的步步深入，人们对台风的结构有了比较清晰的认识，让我们来看一看。

独眼大巨龙

观测和研究表明，日本神话中虚构的独眼巨龙的风暴形象与现代科学中的台风形状是比较相似的。不过，更确切地说，这"独眼大巨龙"是一个更像水旋涡似的庞大空气旋涡，看上去又像一个活动在洋面上的巨大蘑菇。台风直径约1000千米，垂直高度在10千米左右。如果从水平方向把台风切开，可以看到三个明显的不同部分，从中心向外依次是台风眼、云墙区和螺旋雨带。台风眼非常奇特，那里风平浪静，天空晴朗，直径一般40千米左右，大的可达200千米，呈圆形或椭圆形，身临其境的海员风趣地把台风眼称为台风中的"世外桃源"。台风眼周围是宽几十千米，高十几千米的云墙区，也称眼壁，这里云墙高耸，狂风呼啸，大雨如注，海水翻腾，天气最为恶劣。云墙外是螺旋云带区，这里有几条雨（云）带呈螺旋状向眼壁四周辐合，雨带宽约几十千米到几百千米，长约几千千米，雨带所经之处会降阵雨，出现大风天气。

这"独眼大巨龙"，正如古代人描写的那样，它确实是热带海洋上的"产物"。因为那里温度高，湿度大，如果那里低空有气旋

性扰动的话，在地球自转的影响下就可能形成并逐渐发展成热带气旋。一个较强的台风，中心附近风常常超过60米/秒，过程总雨量常常在1000毫米以上。由台风的蘑菇形状不难联想到原子弹爆炸时所形成的蘑菇云，相比之下，台风的能量比原子弹不知要大多少倍，如此巨大的能量所产生的破坏力是可想而知的了。台风在洋面上移动时，会掀起三四层楼高的巨浪，连带狂风暴雨，朝着陆地横扫过来，显然可以轻而易举地摧毁所经之处的一切建筑物，犹如一条疯狂的巨龙向人类袭来。

为了减轻台风带来的灾害损失，深受其害的美国想到了削台试验。

不合人意的狂飙计划

人们在对台风监测、预报的同时，也在设想能否人工削弱台风，甚至消灭台风，从而减轻台风带来的灾难。多少年来，世界各地气象爱好者或专业人员提出了形形色色的建议。

早在20世纪40年代，有人建议派军队去炮轰台风；第二次世界大战后又有人提出用原子弹去炸毁台风。他们都忽略了台风具有巨大能量这个重要特性，上述的建议只能是螳臂挡车，完全无济于事。于是，人们放弃了"消灭台风"这个念头，转而设想能否通过人工影响来削弱台风。

1947年美国提出的"卷云计划"，是人工影响台风的最初尝试，不过两次试验都失败了。可巧的是，其中有一次试验，导致台风突然转向偷袭了佐治亚州，酿成了巨大灾祸。人们将这归罪于人工影响台风产生的恶果，当地居民把矛头指向美国气象局，于是不得不停止试验了。然而，美国并没有放弃理论研究，1960年又提出了一个名为

"狂飙计划"的削台试验，企图通过大量撒播碘化银改变台风中心附近的能量分布，从而达到减慢风速的目的。1961年和1963年的两次试验，效果都不理想。时隔6年后的1969年8月对"黛比"飓风进行试验，结果使风速由50米/秒减小到40米/秒，试验的成功似乎给削台工作带来了一线生机。然而，美国在大西洋和墨西哥湾实施的这个"狂飙计划"，招来了邻国墨西哥政府的抗议，他们说："你们削弱了台风，使台风袭击你们国家的危害变小了，但是，我们国家却因没有台风降雨而出现了严重干旱。"因此，在墨西哥的反对下，美国只好作罢了。

但是，美国并未放弃消台试验的设想，打算把"狂飙计划"从大西洋移到西太平洋来实施。1975年5月在日内瓦召开的世界气象组织第26届执委会期间，美国执委怀特向我国执委张乃召副局长通报美国打算于1976年和1977年夏季在西北太平洋选择几个台风进行"狂飙计划"的想法。我国政府明确表示，反对在西北太平洋进行消台试验，这是因为中国不能没有台风。当时，日本、韩国、泰国等也都反对美国这项试验。结果，"狂飙计划"未能在太平洋上实施。从那以后，美国再也不提"狂飙计划"了。

其实，从西半球到东半球，一些国家反对"狂飙计划"是不足为怪的。这是因为这个世界不能没有台风。

世界不能没有台风

众所周知，太阳无私地赐予地球大气以光和热，然而，这些能够到达地球表面的能量大部分被约占地球表面70%的海洋所攫取和储藏，这样，海洋就成了全球大气运动所需的能量和水汽的主要源地。台风则

是这块源地的佼佼者。有人计算过，假定一个成熟的台风，在半径为60千米的范围内风速平均为40米/秒，维持这样的大风所需的能量约为1.5×10^{12}瓦，相当于全球发电总量的一半。台风年复一年，把如此巨大的能量馈赠给地球，地球大气也得以吞吐呼吸，形成了大规模的大气运动，在一定程度上左右着地球上的热量平衡。

俗话说，水是生命的乳汁，亦可以说，地球上的生命是从水中开始的。虽然台风降雨很猛烈，但是能给台风所经地区带来丰沛的雨水，形成适宜农业生产的气候。对我国来说，台风降雨是江南地区夏季雨量的主要来源，可以有效地缓解这里的旱情。而且，在酷热的日子里，人们期盼着台风的来临，让它那暴雨冲刷着闷热的空气，习习凉风，使人清醒爽快。

让我们再逆向思维一下，假如世界上没有台风，地球上到处风平浪静，那么南北纬度之间的大气能量交换就要受到影响，大气环流的正常运行也难以保证了。因为没有台风，热带地区的热量不能驱散，而将变得更热，同时，两极地区会变得更加寒冷，温带地区因雨量减少，郁郁葱葱的景色将会改变。研究表明，如果没有台风，日本、印度、东南亚和美洲东南部，总降水量就将减少1/4，无疑会造成这些地区严重干旱。我国亦不例外，例如台湾省每年经常遭受台风侵袭，然而1980年5—7月，台风总在台湾南面自东向西移动，未光临台湾岛，仅这小小的异常，却使台湾发生了60年未遇的严重干旱。我国大陆部分同样如此，历史上南方地区出现严重伏旱的年份，往往是台风生成个数少，登陆个数少或强度不强的年份，比如1972年、1986年、1988年、1998年的干旱就与台风异常有关。因此，不难认为，出于对台风的利弊分析得出中国不能没有台风的结论，就成为1974年我国反对美国在太平洋实施"狂飙计划"的主要理由之一。

美国著名气象学家菲利普·汤普森曾经说过，一个人从他生下来直到生命的最后一刻，天气总是客观存在的。不管你喜欢不喜欢它，它那反复无常的绝对变化，总是和喜怒哀乐，甚至旦夕祸福相伴随着，自古至今都是如此。台风就是这样让你亦忧亦喜的一种典型天气系统。我们只有遵从大自然的客观规律，按照老子的祸福观，顺其自然，科学地实施相应的趋利避害对策，才能使台风影响的受益范围不断扩大，受灾面积降到最小，即喜更多而忧更少，实现人类社会的可持续发展。

（原载《气象知识》2004 年第 4 期）

"8888"西子蒙难

——记8807号台风袭击下的杭州

◎ 赵 力 许钟根

　　杭州，这颗世界上璀璨的明珠，她以独特的地理环境和秀丽风光而闻名于世，她是祖国的瑰宝。1988年8月8日，这个百年一遇，被人们称为"大吉大发"的日子即将到来的时候，杭州却面临着一场不测的灾难。

　　7日上午8时，面目狰狞的8807号台风出现在冲绳西太平洋洋面上，距浙江省仅440千米，台风中心以每小时30千米的速度直扑过来，浙江省气象台通过电台向各界发布了台风紧急警报。晚上，电视台播出这一消息后并没有引起人们的重视，杭州城居民仰望星空，万里无云，还以为气象台预报错了呢。

　　8日零时台风在浙江省象山县林海乡门前登陆后经奉化、上虞、绍兴、萧山、杭州、德清、临安等市县，于当日10时许进入安徽境内。

　　浙江全省有41个市、县遭受严重损失，据不完全统计：全省受灾人口1050万人，其中成灾人口512万，转移安置人口13.5万，死亡443人，受伤1232人，下落不明34人；倒塌房屋66935间，损坏房屋41.9万间；损坏高压输电线路754条，其中50万伏1条，22万伏5条，11万伏14条，3.5万伏54条，10千伏680条；邮电线路倒杆36000根，损坏电线9400多千米；广播线路倒杆50000多根，损坏线路11000千米；3000多家乡镇企业遭灾，直接经济损失1.9亿元；冲毁堤防 944 处长 147 千米，堰坝 648 处，渠道长 81 千米，闸坝 53 座，泵站 71 座，小水电站 16 座；冲毁公路路基长 116 千米，体积达 49.5 万米^3，冲毁路面 920 千米，损坏桥梁 155 座；沉没、损坏交通运输船 390 艘，渔船 1243 条；农作物受灾面积达 326.7 万亩[①]，其中成灾 241.6 万亩，绝收面积 24.7 万亩，冲毁农田 10 万亩；损毁对虾塘 2030 亩，死亡牲畜 74055 头；1300 所学校受灾，倒塌校舍 12.8 米^2。8807 号台风造成浙江省自新中国成立以来最严重的损失，直接经济损失达 10 亿元以上，保险公司赔偿损失总额已远远超过了大兴安岭的森林火灾。

8807 号台风呼啸而过，留给杭州的是一场罕见的灾难。树倒瓦翻、落叶遮地，电力、交通、电信等公用设施和西湖景观遭到了空前的破坏，由于现代城市的基础设施和抗灾应变能力的薄弱，杭州一夜之间陷于瘫痪。市区 116 条万伏线路因倒杆、断线等原因造成跳闸停电的有 91 条，600 台公用配电变压器停电 400 台，停电覆盖率达 90% 以上；51 条公交营运线路有 47 条被迫停运，公交车辆被倒树压坏报废 21 辆；60 多个班次长途汽车停开，48 列客货列车停开，131 列客货车晚点；钱塘江和内河航运中断；民航各次航班全部取消；4 家自来水厂被迫停机断水；市区 6000 多对电话线路中断，344 条长途电话线路受阻；路灯损毁 6000 多盏；刮倒树木 20000 多株，直接经济损失达 4.8 亿元。

城市一旦失去了水电，就像人体没有了血液，势必陷于绝境，它所派生出来的问题更是一大堆 。全市 4000 余家企业停工停产；市中心血站 10 万毫升鲜血将毁于一旦；牛奶公司 12 万千克牛奶因无法消毒而变质；水产公司数千吨水产品濒临报废；医院的手术也无法施行，住院病人伙食供应困难；大小宾馆、饭店的旅客吃不上饭，喝不上水，被"干困"在饭店里；8 日的《浙江日报》有 16 万份无法再印，《钱江晚报》、

---

①1 亩≈666.7 平方米，下同。

《杭州日报》不得不推迟一两天出报，这在建报以来是前所未有的。

享有"天堂"美称的市区风景更是面目全非，处处可见道路两侧十余米高的树东倒西歪，横陈于马路。南山路、西山路、北山路、解放路、湖滨路、延安路、体育场路、苏堤、白堤等风景区的主要道路有2500余株大树被大风刮倒，城区的一些街道共倾倒树木3500余株，花港观鱼、柳浪闻莺、孤山、曲院风荷、黄龙洞，三潭印月等西湖主要风景点有4000株树木倾倒。在各风景点内，遭受损害最严重的主要是垂柳、法国梧桐、雪松、广玉兰、七叶树、香樟、碧桃等构成园林景观的骨干树种。西湖风景破坏最惨的要数白堤，往日桃成行、柳成荫的白堤，126株垂柳像"多米诺骨牌"一样连绵横倒，中河两侧近千株新栽垂柳也大都被风吹倒：总之，杭州遭到了空前的"创伤"，西子蒙难了。

台风过后，街道上到处可以见到解放军、武警、交警，他们不顾个人安危，投入到这场救灾战斗中，以最快的速度搬掉倒下的大树、锯去横陈路上的树干，尽快使道路畅通。数以万计的工人、干部、教师、居民也投入到抗灾的第一线，由于全市人民的努力和驻地部队的大力协助，14日，工厂已恢复了生产，商店得以正常营业，群众生活基本安定。通过全市人民的精心护理，这次台风造成的创伤正在愈合，杭州还会像过去一样迷人可爱，西子还会以她美丽的面容笑迎四海宾客。

（原载《气象知识》1989年第1期）

我给台风起名字

◎ 田翠英

　　2006 年 3 月 23 日，在一年一度的世界气象日到来之际，中国气象局启动了"我给台风起名字"征名活动。此活动得到社会各界人士的广泛支持和积极参与。截至 4 月 30 日零时，本次活动共征得台风名称 32147 个（含重复），约 17303 人参加征名活动。最后将公众选定的 5 个台风名字提交联合国亚太经济社会委员会（UNESCAP）/世界气象组织（WMO）所属台风委员会第 39 届会议审议。2006 年 11 月中旬台风委员会第 39 届会议将在菲律宾举行，届时将产生一个新的名称取代"龙王"。

为什么要给台风取名字

　　世界上平均每年大约有 80 个热带气旋产生，其中西北太平洋和南海海域每年有 28 个左右的热带气旋生成。为了便于区别和记忆，以便做好台风的预警和防御工作，有必要给台风取个名字。

　　最早的做法是根据台风中心所处的经度纬度来区分台风，如"处于北纬 22.5 度、东经 114.2 度的台风"。这样做当然非常麻烦。因为台风总是在不断的移动中，经度和纬度位置不断地变化，而且有时会有几个台风同时在附近海域活动，用经纬度区分台风既不利于记忆，

也会造成混乱。

人们很自然地想到了给台风编号。国际通行的做法是依据台风生成的先后次序给台风编号。每年第一个生成的台风就是第一号台风，第二个生成的就是第二号台风。为区别不同年份的台风，科学家们在台风编号前，还加上年份，如9608号台风就是1996年第8号台风。编号对科学家们是方便的，但是，对公众就容易混淆，不好记忆。

19世纪末，澳大利亚预报员克里门·兰格用他讨厌的政客的名字为台风命名。后来，一些国家的军事部门根据英文单词的第一个字母的顺序来命名台风。第二次世界大战时期，美国人用女性的名字为飓风命名。然而，因为飓风是灾害，所以女权主义者们认为这是性别歧视。20世纪70年代末，应美国女权运动组织的要求，扩充了命名表，改用男性和女性的名字交替命名。

在口语和书面交流中，特别是在警报中，人们逐渐接受了使用命名表的优点。名字简短、通俗、易记，便于向台风（飓风）威胁区的千百万群众传递信息，增加警报的效用，以避免同一地区同时面临几个热带气旋影响时出现混乱状况。这种做法不久就在西半球被广泛采用。到了20世纪70年代，所有台风（飓风）易发区都已使用了命名系统。

西北太平洋地区一直没有统一的台风命名。美国和菲律宾制定了自己的命名表，特别是美国关岛联合台风警报中心使用的西北太平洋台风命名也常被该区域其他国家采纳。但是这样的命名并不是权威的命名，许多国家并不接受。如菲律宾采用自己的命名，我国采用自己的编号，很不统一。

随着亚洲的经济腾飞，亚洲国家也更加重视自己的文化，越来越多的人希望使用自己的台风名字，而不是只用由美国人取的名字。

亚洲台风名字是怎么起出来的

给台风起名字的建议是 1997 年年底在中国香港举行的联合国亚太经社会和世界气象组织台风委员会第 30 届会议上由中国香港代表提出的，该提议立刻得到包括中华人民共和国在内大多数成员的积极响应。

会议指派台风研究协调小组具体研究执行的细节。会后，台风研究协调小组积极开展工作，经过多次讨论，并于 1998 年 8 月在北京专门召开会议，讨论台风命名问题。

亚洲名字的特点是由所有成员国家和地区共同来取名字，因为大家的文化、语言、宗教信仰不同，对名字的含义、发音都很敏感。

北京会议经过认真讨论，通过了命名方案，其中包括命名的原则是：每个名字不超过 9 个字母；容易发音；在各成员语言中没有不好的意义；不会给各成员带来任何困难；不是商业机构的名字；选取的名字应得到全体成员的认可（即一票否决）。

命名方案确定后，各个成员的代表依次上台，介绍本国提出的候选名字，逐一进行审议。由于采取一票否决制，只要有人提出疑义，该名字就被否决。有的国家提出的名字几乎全被否决了。然后又重新提出新的命名，再讨论。经过两天的热烈讨论，原则通过了台风命名表。

1998 年年底，台风委员会在菲律宾召开了第 31 届会议，其中一项议题就是讨论台风协调小组提出的热带气旋命名方案。会上菲律宾代表提出要更换其原来的提名，为此，台风协调小组又临时召开会议，专门审议菲律宾提出的名字。在达成一致后，第 31 届台风委员会通过了台风研究协调小组提出的命名方案，决定新的命名方法自 2000 年 1 月 1 日起执行。

台风委员会命名表共有 140 个名字，分别由亚太地区的柬埔寨、中国、朝鲜、中国香港、日本、老挝、中国澳门、马来西亚、密克罗尼西亚联邦、菲律宾、韩国、泰国、美国和越南提供。命名表按顺序命名，循环使用。

台风中文名字的由来

我国为台风委员会命名表提供了 10 个名字，分别是：龙王（后被"海葵"替代）、悟空、玉兔、海燕、风神、海神、杜鹃、电母、海马、海棠。中国香港和中国澳门各提供了 10 个名字，分别是启德、万宜、凤凰、彩云、马鞍、珊珊、铃铃、白海豚、狮子山、榕树以及珍珠（后被"三巴"替代）、蝴蝶、黄蜂、笆玛（后被"烟花"替代）、梅花、贝碧嘉、琵琶、莲花、玛瑙、珊瑚。

台风名字的调整

根据台风委员会命名规则，如果某个台风给台风委员会成员造成了特别严重的损失，该成员可申请将该台风使用的名字从命名表中删去，即将该台风使用的名字永远命名给该台风，其他台风不再使用该名字。这样的话，就要重新起一个名字加入命名表。

自 2000 年 1 月 1 日台风委员会热带气旋命名系统生效后，台风委员会热带气旋命名表经过了 4 次更新。主要是一些成员，也包括非台风委员会成员对个别台风名字提出了修改意见，台风委员会经过讨论，对这些名字进行了调整。另外，一些成员申请对某些台风名字永久命名。

由我国代表提出并获批准永久命名的台风有：云娜、麦莎、龙王三个台风。

我给台风起名字

2006 年的"我给台风起名字"活动共分三个阶段。3 月 23 日—4 月 29 日为征名阶段。5 月 1 日—31 日为投票阶段。6 月 1 日—11 月 15 日为竞猜阶段。征名活动得到了社会各界人士的广泛支持和热烈响应。截至 4 月 30 日零时，本次活动共征得台风名称 32147 个（含重复），约 17303 人参加了征名活动。

4 月 30 日上午由中国工程院院士丁一汇，中国科协科普部副部长高勘，人民日报社教科文部副主任温红彦，中国社会科学院城市发展与环境研究中心研究员李国庆，《中国国家地理》杂志社社长兼总编辑李栓科，《人民文学》副主编、著名评论家李敬泽，北京大学中文系副教授、作家孔庆东，搜狐新闻中心副主编刘原等来自不同领域的 9 位专家、学者组成的评审委员会，对征集到的台风名称进行了认真、热烈的讨论和评审，最后评审推荐了 50 个台风名称进入投票阶段。50 个台风名称中既包括"嫦娥"、"天马"、"哪吒"等中国神话传说中的人物名称，也有"云雀"、"犀牛"、"槟榔"、"昙花"等动植物名称，还有具有强烈现代气息的"闪客"等新网络词汇。

（原载《气象知识》2006 年第 3 期）

专家、演员对话《超强台风》

◎ 华风《气象今日谈》

　　在2008年上映的众多电影中，有一部电影叫做《超强台风》。作为中国首部灾难大片，著名导演冯小宁以超强的想象力，制造出了中国电影史上前所未有的超强视觉冲击，以强烈的悬念和惊悚的气氛窒息了观众……那么，想象与现实到底有多大的距离？

　　中国气象频道《气象今日谈》请来"真假气象专家"就《超强台风》现场辩论，电影中气象专家的扮演者、资深表演艺术家宋晓英与气象专家朱定真进行了首次较量，假专家的台词是否会难倒真专家，而真专家却打破影片中气象专家的孤胆英雄形象，讲述真正台风来临时各部门群策群力的抗台真相！

一部电影给人带来怎样的震撼？电影中的台风如何演绎？现实生活中是否真的存在？影片中的"气象专家"说了哪段话，让现实的专家听了摇头？请看——

宋晓英：演这部片子其实不是我和另外一个男主角的对手戏，是两位和台风演了一次对手戏。我好像是20世纪90年代初在海南经历过一次台风，但是没有像我们电影这个台风破坏性这么强、这么大。在拍这个电影之前，说心里话，有关于台风天气方面的知识的书我从来没读过一本，这是我很欠缺的。当我接到这个剧本之后，而且演一个预测台风的专家，你想专家两个字是要付出很多的辛苦和深入学习的，要一生钻研才能获得"专家"这个称号。那么让我来演，我是在剧本当中寻找我这个"专家"应该在这个戏里完成什么，仅此而已，这是凭我自己多年积累下来得出的那么一点经验吧，靠自己悟性。我是北方人，很少到海边去。我们拍戏在海边，那里是风平浪静的。

朱定真：北方人对台风的理解是比较遥远的，没有直接的认识。从我过去做预报员这个生涯来讲，主要是跟台风打交道，包括在国外也是在飓风中心做台风研究的。1992年美国有一次飓风叫"安德鲁"飓风，这个在他们历史上是一个非常强的飓风，因为这个飓风的影响大，破坏范围广。那次飓风我就在现场，所以我看《超强台风》这个电影有些镜头的时候，我是能想象得到的，可能别的人看后说汽车怎么贴墙上，说船能冲上来，这是不可想象的，但是那时我在现场，我知道这是可能的。因为当时我们在场，晚上刮完台风以后，早上我们去办公室的时候，汽车就在围墙上，是落在那上面的。雷达全倒了，碗口粗的树被很厚的木片打穿了。你可以想象那个风力有多强，美国很多都是轻体房子，可想而知，会一片狼藉的，就像才打过仗一样。我看电影里面也说到，大自然的破坏力不可阻挡。

主持人：这部片子确实给观众的感受是很震撼的，很多人觉得真的是挺可怕的，但是导演冯小宁说，我这部片子的台风有一个原型，就是2006年的"桑美"，"桑美"曾经也是做过直播的，是在8月10日下午5点多的时候在浙江温州苍南县登陆的，当时也是以超级台风这样的一个身份正面登陆了浙江，所以给当地带来的影响非常大。

宋晓英：说心里话，我当时演这个戏的时候，像现在采访这个空间一样，非常安静。我就面对那样一个电脑，我要演出惊涛骇浪18级。导演形容18级是什么样，房子掀了，船刮走了。当时我演了这个18级，我记得好像是拍了五六次，因为我对台风没有概念。当时找不到那种感觉，什么叫18级，18级会是一种什么状态，是一种什么形象，一点感觉都没有，只是导演告诉我，临时我想到，就是说多少吨重的车它会卷起来，砸在楼房上。于是我就找到这种感觉了，那个特写大镜头，当时我拍的时候，我觉得我嘴都在抖。

朱定真：应该说，每个人都经过一次18级的风确实不大容易，就像我们一直搞预报，我们也不是多次碰到这种级别强风的。但是，我们现在一直沿用的风力一般都是到12级，所以到12级我们就说是台风了，这个风已经强得不得了，但是现在因为确实也可能有人说因为气候变暖，极端天气事件越来越多，那么风力强于12级的风就会越来越多，所以现在我们把这个风力一直延伸，延到了17级，就是说它可以达到61.2米每秒，也就是差不多每小时200多千米的速度。18级的风，可能接近每小时250千米左右了。往往在这种灾害出现的时候，风记录仪都要被毁坏的，可能是没有记录。所以我们真正的评判是用建筑物的损坏程度、航拍或者地面调查。18级就是说超过了现在我们规定的级别，那么它已经达到了，所以叫超强台风。

主持人：影片里面还有一段非常美的画面，就是台风眼一出来的时候云层当中透出了阳光。这漂亮总是很短暂，是不是现实当中，真的是有这种台风眼，台风眼出现的时候是这种景象吗？

朱定真：我在美国经历了台风眼过境的情况，真正的台风眼里面是不太容易看到这种景观，就是真的一片蓝天，边上就是云墙。因为台风眼有大有小，也可能有几十千米。这与台风成熟的程度有关。因为台风有一个发展的过程，从发育到成熟最后消亡。有台风眼的台风都是很强的。但是台风眼这个概念并不一定就是真的云墙能看得清清楚楚，因为台风云墙并不是我们模型上做的那样，从地面一直到天空，形成整个一片云墙，它往往有几层云，但是确实是环形的云。所以当台风靠近的时候你能看到这个云移得非常快而且是环形的。过去以后风减小了，天晴了。再过来是云又开始来了，云雨来的时候，而风向却完全转了，所以过台风眼的时候你就用风向来判断，就知道台风眼来没来，而且根据风向你可以知道你处于台风的什么位置，因为它是旋转的，所以你就可以判断。我就是经历过"安德鲁"飓风的，我们是在房间里面，屋顶全给掀翻，然后我们是用席梦思挡着玻璃窗躲在里面，当时风小了，我们不知道是台风过去了，还是台风眼过来了，因为当时都停电了，我们就靠风来判断，安静一会儿风又起来了，然后风向变了，于是我们知道在台风眼里面，又一阵狂风过来了，又是天昏地暗，所以那个时候你绝对不能出去，如果有安全的地方躲最好，没有安全的地方赶快换一个安全的地方继续躲，所以真正的现实是，台风眼不会那么漂亮。虽然如此，但是，确实有，这是因为台风眼过来的时候，天气确实会稍微平静下来些，因为这里是一个下沉气流区。

主持人：宋老师，您在影片当中，站在大屏幕前面，然后跟在场的所有人讲话，当时我在看这部电影的时候，就说这不是我们中国气象局那个会商室嘛，对不对？往往有台风来的时候，其实我们真的是有这样一个大屏幕，全国所有的相关气象工作者会有一个电视电话会议，具体的流程请朱老师给我们介绍一下。

朱定真：台风一旦出现我们就要启动警报。从这个时候开始，沿海的各省份就非常紧张了，一直到中央气象台。从中央气象台开始，至少会商要增加，我们每天天气会商，就像医院的会诊一样，各路专家要把各自的意见，即对这个台风的动向、强度，甚至于最后的影响的看法，各抒己见，最后得出一个结论。如果在"前线"，那就不得了。因为我在省里工作过，台风来的时候，预报室那个现场，外人看起来是非常乱的，所有的电话此起彼伏，接电话的时候，这边站着一个，那边坐着一个，还有一个躲在桌子底下，因为怕互相影响。有政府来的询问电话，包括我们要对公众发布，对一些专业的部门要发布预报，全靠这些电话，全在这个短暂的时间里面，然后你还要不断地更新数据。根据新的数据又要立马做出判断。那个台风路径一条线，你就看它一小时的延伸，到底往哪走，所有的预报路径都要点在这个上面，所以当时你如果确实不懂气象，真的觉得是一片混乱，但是那个时候是高度集中，所有人都高度集中，对所有的信息争取判断出最准的一个信息出来，然后还要尽快地服务出去，实际上在真正做预报的时候，绝对不会只有一个专家在那里单枪匹马地干。真正做台风预报的时候，从它生成开始，就是离咱们中国大陆还远得很呢，可能上千千米的时候，只要进入我们的警戒区，天上的气象卫星只要能看到它，我们就开始盯着它。

主持人：宋老师，电影里一个镜头，您在给市长画示意图的时候，您坚决地说，台风可能会打转回来，其实那段台词特别拗口。

宋晓英：现在还记着。我给你背一遍。当时真叫是死记硬背，在一点概念、一点形象、一点知识都没有的情况下，你想在没有理解的情况下，就像让我学习西班牙语一样。这段台词是这样的："蓝鲸"这次转向是受西北气流挤压造成的，这种气流横在它前方，使它转回外海，但这股气流并没有后劲，不久就在海上做环绕运动，由于它在海洋上升气流中吸收了大批的能量，所以会来得更加猛烈。

朱定真：这段台词如果从我们专业上来讲有些不妥。我们报台风实际上并不是盯着台风报，是盯着它周围的环流来报，是盯着它这一层和上一层的环流来报。所以刚刚宋老师讲的那个意思，我再转换成我们现在专业上讲的话，就是说，它前面副热带高压有一块是阻挡的，所以它不会转过去，实际上我们真正讲它是在一个鞍型场，或者是一个比较空的地方，所以引导气流不能明显地引导它往什么地方走，所以它可能停在那边，它自己会打转。可以这样比喻，小时候耍陀螺，抽这个陀螺，引导气流相当于你这个鞭子，如果我这个鞭子不抽它，它在这个地方打转，但是当然它也会摇摆，它也会少动，鞭子一抽，它一定顺着你这个力就走了，台风与此相类似，因为台风自身旋转，如果没有外力它就在这边摇摆，你也不知道它最后是往哪儿跑。

主持人：影片当中气象专家只有一个角色，挑大梁、拍板的都是人。但我们现实生活当中不是这样的。

朱定真：做所有的预报，包括日常预报，更不要说这种关键的重大天气预报，都是集体的智慧。但是拍板的，我们是有首席预报员，真的要签发这种灾害性天气的话，那就要值班的领导签发，因为它确实事关重大，片子里也演了，是市长决定撤人还是不撤人，那么这个就不是你一个预报员或者说你一个预报团队能够决定的，它是由政府层面来决定的。所以这个时候的签发，是有一定签发流程的，这个预报绝对不是简简单单的一两个人意见就能出来的，一定是集中了最权威，也是最科学的一个结论发出去的。

按科学发展观，现在就不硬来了。过去我们叫战台风、抗台风，现在我们叫防台风、避台风，就是把保护人民生命安全放在第一位的，而不是去冲。我看片子里面有，过去那样就是去挡，不管它多么强，我们就去挡，最后牺牲了很多人，现在不是这样了，确实，这个是非常大的一个转变。

主持人：电影里有一段话："每次来台风，对我们来说是一次心理

上的折磨，这跟你们（指电影里的学生）的考试不同，做错了题扣多少分，以后努力做对了就是了，台风预测错了就是鲜血。"

宋晓英：其实拍这个戏的时候，我压力也特别大，判断这样的一次谈话是非常重要的，戏里面他是我的学生，我是他的小学老师。她说这个判断台风不像你们小的时候做错了题，做错了下次重新改正，答对了就可以了。台风判断错了那就是鲜血。当时我演这个戏的时候，作为演员的一种本能吧，就是要迅速地融入到这个角色之中，就是你的心、你的脑子、你的一切，都要成为这个角色。如果说还算完成任务的话，那可能是我进入角色还比较快、比较迅速。如果要是说在全不知的这个领域当中来演这个戏，如果说没有这样一个迅速进入状态的话，确确实实很是难完成的。

主持人：还有，影片当中常提到的一个词"十防九空"，应该说在我们的现实生活中不会出现的吧。

朱定真：对，不应该出现了，应该说现在对台风基本上有一个逮一个，都不会漏报。

宋晓英：由于领导指挥得当，专家判断准确，很好地撤离，有一个皆大欢喜的结局，还有一个追风族，一个美国人，我跟他又是网友，市长说你们要不要见一下，我说，网友还是保持这种神秘吧，就是这样结束了这部片子。

主持人：这部影片其实让我们欣喜在什么地方呢？欣喜的应该是越来越多的人关注天气，关注气象，比如说电影人，比如说更多的科学家，比如有很多人花钱去看了这部电影，就表明了这一点。这是一件好事，因为天气跟每个人都有关系。

（原载《气象知识》2009年第3期）

局地风灾

是"空中怪车"偷袭贵阳吗

◎ 贵州省气象学会[1]

    1994年11月30日凌晨，在贵阳市北郊都溪林场至都拉营车辆厂一带发生了一场罕见的自然灾害，使都溪林场数百亩松林毁于一旦，车辆厂不少厂房的石棉瓦全被揭掉，一节装有50吨钢材的车皮被吹离原地20米远。由于这次灾害成灾事实罕见，一时间众说纷纭，人们有种种猜测，加上某些新闻媒介的渲染报道，使这次灾害披上了一层神秘色彩。一些人还对着残存的松树烧香磕头，求神保佑。为了以科学的态度分析和说明这一奇异的自然现象，贵州省气象学会受省科委和省科协委托，成立了"都溪灾害研究组"，并进一步深入现场，较全面地掌握了各种灾情事实，召开了多次学术讨论会。一致认为，都溪灾害绝不是一些人谣传的"空中怪车"所为，更不是外星人飞碟留下的"足迹"，而是完全可以用气象科学原理加以解释的一种气象灾害。准确地说，都溪灾害是在动力、热力和特殊地形条件下由于狭管效应产生的一次小尺度强对流天气系统——龙卷造成的。

现象与事实

    据实地考察我们了解到，风灾最先于11月30日凌晨3时10分发

---

    [1]本文由贵州省气象学会都溪灾害研究组许炳南、汤锁坤、黄继用、杨恕良共同完成，许炳南执笔。

生在都溪林场西南部的羊奶坡，自此向东北经水堰坝、猪头坡（白云化工厂厂址）、凤凰哨、尖坡、大坡上至冷水沟，有 8 处呈跳跃式分布的面积分别为几百至几万平方米的松林被旋风折断，留下约两米高的一片片树桩，在树桩中间也有少数松树被风刮倒，树根裸露于地面。其中受灾面积最大、毁树最多的要算位于都溪村大坡上，那里有长约 800 米、宽约 50 米的松林成片被旋风折断或吹倒，估计毁林面积达 40000 平方米以上。之后成灾地点自冷水沟折向东，经奔土在 3 时 20 分终止于都拉营车辆厂，此期间仍以风灾为主，但伴有球状闪电。在车辆厂区内，位于前后建筑物之间的地磅房，有四根 10 厘米粗的钢管支柱被风折弯拉断，顶棚前倾下塌，风力之大令人瞠目；球状闪电虽未造成灾情，但据目击者反映，球状闪电触地爆炸时发出惊天动地的巨响。因此，这次灾害在始发地羊奶坡与终止地车辆厂前后相差仅 10 分钟，而呈狭窄带状分布的受灾地点，长度约 10 千米，时间尺度和空间尺度都十分小，但破坏强度极大（见图 1）。

据调查，20 世纪七八十年代，都溪林场也曾发生过两次严重风灾，分别出现在 1974 年 5 月和 1987 年 10 月，林场内因受强烈水平气流的冲击吹倒大片松林，而去年 11 月 30 日出现的这场风灾，其特点却明显

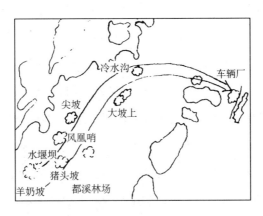

图 1　贵阳龙卷灾害示意图

有别于前两者，即主要是以强烈旋风折断树木成灾。而且，由于某种异常灾害性天气往往是以较长年代的周期重现的，都溪风灾又发生在强对流天气少见的初冬季节，就更为罕见。

分析与解释

都溪风灾之所以发生，在客观上存在着有利的触发条件。我们从地面天气图上可以看到，11月28日贵州省从威宁经安顺至独山有一条准静止锋，随着来自孟加拉湾的西南暖湿气流的加强，静止锋北退，29日14时退至贵阳以北的开阳附近。29日白天贵阳北郊天气晴朗，在太阳辐射和西南暖湿气流的共同作用下，地面气温回升，据气象观测，30日早上8点，白云气象站的气温比前一天上升2.6℃，与此同时，高空出现冷平流降温，贵阳上空海拔5500米高度上的气温下降2℃，这种近地面升温、高空降温现象说明大气层结不稳定性增强，成为导致风灾的有利的热力条件。另外，从高空天气图上可以看出，29日夜间有一股来自北方的冷空气南侵影响贵州省，成为触发大气不稳定能量释放的动力条件（见图2）。上述热力和动力条件的同时出现，对白云地区产生强对流天气十分有利。而龙卷正属于小尺度强对流天气系统的一种。下面我们就都溪灾害所观察到的现象和事实作进一步解释。

1. 关于都溪林场不少目击者在风灾发生时，听到轰隆声和看到亮光问题。这是龙卷发生时伴有的常见物理现象。龙卷形成时大气中发出轰隆声和龙卷周围产生亮光，这几乎是一切陆龙卷所伴有的。轰隆声来源于高速气流旋转运动时空气质点因受剧烈摩擦作用发出的声响，而亮光则是龙卷周围的空气因摩擦带电并产生静电放电的结果。都溪龙卷形成过程中的这类声光现象，已为众多的观测事实所证明，绝不是来源于

· 30 ·

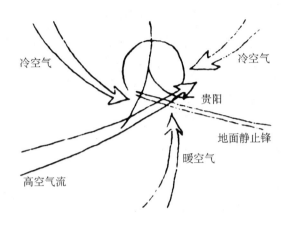

图2　1994年11月29日20时天气形势示意图

什么"空中怪车"。

2. 龙卷是一种具有巨大动能的大气旋涡,对于造成都溪灾害所应具有的动力是足够的。据科学工作者估计,龙卷内部的最大风速可超过100米/秒,甚至可达200米/秒以上,这种高速气流的作用力,使受风面的物体每平方米达到数百千克甚至上吨重的风压,破坏力十分惊人,都溪林场的数百亩松林被折断和都拉营车辆厂地磅房的钢管被折弯、拉断,就是这种巨大破坏力的见证。

3. 龙卷是一种快速旋转的微气旋,它产生的强大离心力,使龙卷中心的气压急剧下降,在几秒钟或十几秒钟之内可使气压下降8%,导致龙卷中心与外围之间气压梯度达200百帕/米之多。一座门窗关闭的建筑物,如遇龙卷经过,室外气压急剧下降,室内气压却无大变化,这时建筑物内外产生巨大的气压差,形成巨大的外向压力差,足以掀开门窗甚至冲破屋顶。都拉营车辆厂油库值班室紧闭着的门窗由内向外被推开,窗门上的金属把手被拉断,以及车辆厂一些库房的活动铝合金门从内向外被推开并发生严重变形,就是龙卷过境时产生的强大气压梯度力

造成的。此外，龙卷内部存在强烈的上升气流，对地面物体吸附力的特征一般都较明显，风灾发生时车辆厂内的一块重几十斤①的黑板以及房顶的大量砂瓦片，曾受到强烈上升气流带动升空后抛至几百米以外，这种现象用龙卷吸附力可以作出圆满的解释。

4. 我们在考察都溪现场时，发现林区受旋风影响的痕迹十分清晰，这从另一个侧面证实了龙卷的存在。如在羊奶坡，有一棵已折断的松树，就留有明显的受反时针旋转气流扭断的痕迹；在林区各灾情点被刮倒的松树，从保留的根部可判断出在龙卷前进方向上既存在偏左的主导倒向，同时也有在同一地点出现杂乱的倒向，这些现象充分证明是龙卷旋转气流袭击的结果；在冷水沟北坡低处，有受到强大气流作用朝前折断的数十棵树桩，风灾过后树桩表面均留下一薄层泥土，泥土来源于前方的水田，为何能吹倒，是因为龙卷过境时，同一地点在不同时刻受到不同方向的气流冲击的缘故。

5. 从灾害发生时观测到的天气实况判断，羊奶坡所以成为第一成灾点，是因为高空积雨云顶崩溃时，云中出现一股强大的下沉气流，当下沉气流穿过积雨云底部接近地面时，开始转为扭曲的下击暴流冲向羊奶坡，龙卷气旋环流瞬即产生。在龙卷生成初期，受扭曲下击暴流的作用，加之龙卷内部尚未出现足够强大的上升气流，故在林场一带对地面物未表现出较大的吸附力，仅表现出旋转风力的破坏作用。只是龙卷移至奔土和都拉营车辆厂一带时，情况有所变化，它不但保持有破坏性极大的旋转风力，还显示出一定的吸附力。

最后我们还应指出，鉴于目前气象台站网的设点密度，要准确有效地监测像龙卷这类小尺度天气现象仍是很困难的，正像贵州省各地气象台站现有的正式气象记录中，未曾记载有龙卷，但不证明我省并没发生

①1 斤 = 0.5 千克，下同。

过龙卷。如1967年春独山县基长区的龙卷曾将木结构牛棚完好无损地"抬"至几百米外的田坝中，20世纪70年代铜仁地区曾下过一场奇特的"明矾雨"，80年代松桃县曾下过一场墨黑色的雨，这些都是龙卷所为。

都溪灾害也告诉我们，在灾害性天气出现较频繁的贵州，必须大力普及气象科学知识，破除迷信，提高人们对自然灾害的科学认识，增强人们的防灾减灾意识和抗灾能力，从而避免和减轻灾害带来的损失。

（原载《气象知识》1995年第2期）

风卷天长市

◎ 李如彬

国际学者普遍将破坏力强大的龙卷风形象地称为"上帝之指"，2007 年 7 月 3 日，"上帝之指"对安徽省天长市搅动了一下，给那里的人们带来了可怕的灾难，也引起了气象工作者极大的关注。

从天而降的旋风

2007 年 7 月 3 日下午三点多钟，安徽省天长市仁和集镇七柳村，与平时相比，这里并没有什么异常，一切显得那么安静，只是村里的狗叫得似乎比平时凶了很多。虽然闷热得很，但在 7 月里应该说是正常的，也没有刮什么大风。

然而，就在几声"炸雷"之后，黑暗和如幕的暴雨遮盖了所有人的视线，很是吓人，天一下黑了下来，很是吓人。风来了，并旋转起来了。在人们还没有感到是怎么一回事的时候，灾难降临了！

当旋风乍起的时候，一台大概 300 千克重的搅拌机，一下子从一农户家门口刮到 15 米远的秧田里。

当地村民试图关门，门就是关不上，而对面房子上的瓦却直接往家里飞来了。

仅仅几分钟之后，当惊魂未定的人们走出受损的房屋，眼前的一切让他们目瞪口呆：在龙卷风经过的地方，所有的房子几乎全部倒塌，树木被拦腰截断。对于所有经历这场灾难的人们来说，这是一场他们永远无法忘却的噩梦。

七柳村村民陈乐新是在这次龙卷风灾害中损失最重的一户，陈乐新在七柳村开了一家超市，由十几间大小房屋组成，规模较大，总共有14米长，6米宽，前面80多平方米是营业用房，后面有两栋农资仓库，一个储存化肥，一个储存农资。龙卷风先将离陈乐新家十几米外的一棵大树拦腰斩断，从空中飞过来了，把他家超市砸倒了。当时有几个人在超市里躲避风雨，只一刹那工夫，还没反应过来就全部被埋在了瓦砾中。

龙卷风并没有就此停止，自七柳村西南角一路向东北方向"狂奔"而去。在抵达桃园村后，向偏南方向转折了一下，并开始向不远的秦栏镇的观庵村方向运动，而在运动的过程中，风势越来越大。

在席卷观庵村的时候，以一条小路为界，一边是龙卷风影响区域，可以清晰地看到农户的屋顶被龙卷风掀翻的痕迹，外面堆砌的都是农户家具的一些碎屑，而另一边是未影响区域，观庵小学的屋顶安然无恙。

观庵村董庄村是一个只有21户人家的小村庄。不幸的是，它恰恰位于龙卷风的行进路线上，龙卷风经过之后，这个小村庄没有一家的房屋幸免，全部被损坏，有几户人家甚至片瓦不留。整个村子几乎在这场龙卷风中完全消失了。

一棵折断桑树的启示

董庄有一棵桑树，它受到的"伤害"让当地百姓感到奇怪：它不是顺风而刮，而是逆风倒地。房子也是如此，老百姓形容房子上的瓦被

旋成一个小麻花似的，不是硬刮下来的。

对这种奇怪现象，天长市气象台台长董保华分析说，如果是一般大风的话，树的倒向应该是从这边向那边倒，而从这个树的"伤害"可以明显看出，树木在向前方倒下的同时又向左扭曲，所以从这个特征可以判断出，这是龙卷风造成的危害。

除了树木被扭曲之外，从树的倒向上也可以判断这里发生了龙卷风。那里的两棵树的倒向有明显的夹角，而且夹角近乎 145 度，如果是一般的大风，基本倒向应该是平行的，而这次龙卷风过后，大树的倒向是杂乱无章的，这是龙卷风与普通的大风最明显的区别。

房子爆开之谜

天长市观庵村村民董登潮是在这次龙卷风中受害严重的一户农民。当龙卷风到来时，他试图关住房门，但巨大的风力让他的努力化为泡影。几秒钟后，他发现房顶的瓦片开始不断地往下掉，大瓦房也开始摇晃。转眼间，房子倒塌了。董登潮被救后回忆当时可怕情景时说，房子像一个吹爆的气球一样爆开了。而在人们的印象中，大风过来时，一般都是房子向一边倒塌，怎么会从中间爆开呢？难道是当时神志模糊的董登潮的记忆出了问题？

董保华说，在龙卷风发生时引起建筑物爆开是龙卷风出现时的一种典型现象。这是因为龙卷风中心的气压很低，当它经过时，房屋顶部就会遭遇很低的气压，但里面的气压并没有改变，还是正常的大气压，这样就会形成明显的气压差异。龙卷风内部的低气压可以低到 400 百帕，甚至 200 百帕，一般情况下的气压为 1000 百帕左右，气压差可以高达800 百帕，相当于每一平方米的面积上需要承受将近 8000 千克重的大气压差，也就是将近 120 个成年人的重量，这么巨大的气压差足以在一瞬间产生巨大的能量，使建筑物从中间爆开。所以，在龙卷风扫过的地方，犹如一个特殊的吸泵一样，往往把它所触及的水和沙尘、树木等吸卷起来。这也是造成龙卷风危害巨大的主要原因之一。

天长龙卷来自何处

之前，天长市从来没有发生过这么大规模的龙卷风，这次龙卷风发生的原因是什么，而且为什么集中在这几个村子的狭长区域肆虐？

根据四要素自动气象站观测到的风向资料，当时发生龙卷风的秦栏镇的风向是西北风，而在不远处的另一个观测点观测到的风向是西风，两个地方的风向有一个很大的夹角，这种情况在气象学上叫做风向辐合，这很可能是形成龙卷风的原因之一。

风向辐合就是不同方向的风相遇之后使空气发生旋转，形成涡旋，然后再逐渐发展成类似龙卷风这样的天气。

然而，当时这几个观测点观测到的风速并不是很大，大多都在三四级，即使发生风向辐合也只能形成小范围的涡旋，根本无法造成如此严重的危害。看来，除了风向辐合，形成龙卷风肯定还有其他原因，那龙卷风究竟从何而起，村民们对此也是说法不一。

不过，有一点村民们的说法十分一致，就是龙卷风是从西南方向移过来的。

根据村民们提供的线索，发现在龙卷风最初爆发的七柳村西南 1 千米左右有一个水库，叫朱庙水库，这个水库面积有四五十亩，位于一片比较空旷的地带，周围没有什么建筑，十分有利于风的形成和运动。

因为水体附近水蒸气比较充足，当天强对流天气形成的雷暴云团中

积累了大量的能量，而当太阳直射到水库上空时，由于当天气温较高，蒸发强烈，大量的水汽上升，形成了一股上升气流，与此同时，上升气流在对流层的中部遇到水平方向的风时，发生扭转，开始旋转，形成中尺度气旋。由于雷暴云团中饱含着大量的不稳定能量，大量能量就在气旋中释放，使气旋的强度不断增大，并在该区域产生强对流天气，而该气旋在移动过程中就形成了龙卷风。

正是在上升气流，水平方向的风和雷暴云团三个条件的共同作用下，才爆发了这次龙卷风。

应对"上帝之指"任重道远

天长市位于安徽省南部，是一个十分普通的南方小城，在此之前的几天里，天长的天气一直没有什么异样，只是偶尔会下一点儿小雨。然而，就在 7 月 3 日下午，突然降临的龙卷风造成天长市 7 人死亡，137人受伤，其中入院治疗 87 人，轻伤 50 人，受灾人口 5318 人，倒塌房

屋 828 间，损坏房屋 1535 间。农作物受灾面积 140 公顷，绝收面积 68 公顷，直接经济损失 2899 万元，其中，农业直接损失 202.8 万元。

因为龙卷风发生之前没有什么预兆，而且从发生至消散的时间短，影响范围比较小，现有固定位置的探测仪器很难对龙卷风进行准确的观测。直到现在，龙卷风的发生发展机理在气象研究学界还是一个谜。看来，对于龙卷风这个神秘的"上帝之指"，还有太多的秘密需要我们去一一解开。

（原载《气象知识》2008 年第 4 期）

新疆那个"闹海风"

◎ 郭起豪　胥执强

2010 年 2 月 17 日 20 时 30 分。

在新疆吉木乃县境内吉（吉木乃）—布（布尔津）公路闹海、哈头山区域，遭遇"闹海风"袭击。这是去年冬天以来最严重的"闹海风"，风力达 12 级以上。

可怕的是，威力十足的"闹海风"使多处路段彻底受阻、交通中断，不仅造成 20 余辆大小车辆、121 名群众被困，而且使得营救工作难度增大。

什么是"闹海风"

"闹海风"是吉木乃县的一种"土特产"，准确地说，是一种回流性大风，并伴有吹雪、雪暴等天气现象的天气。大凡领教过"闹海风"威力的人，几乎都对它有着刻骨铭心的记忆，甚至还有一些后怕。

说起"闹海风"，天山网记者温云楠一点儿也不陌生。

2005 年 12 月 1 日至 2 日，吉木乃县先是下起了一场没有大风伴随的降雪，在那场如柳絮般飘零的大雪之后，12 月 3 日吉木乃县城竟然风和日丽了一整天。

尽管县城上空还飘着飞雪，但仍艳阳高照，气温也在回升。

不过，若是站在县城高处向城南被称作"红山"的山坡望去，会发现那里涌起一股如"仙气"一般的白烟，像连绵的云和雾但并非是云和雾，这实际上就是吉木乃县有名的"闹海风"。

吉木乃人都知道，当"闹海风"刮起时，那如"仙气"一般的白烟都是大风带起的雪尘；在刮风时风区外面一般都是艳阳高照的天气，但进入风区就是另一个世界。

在阿勒泰地区西南角（85.87°E，47.43°N），距离吉木乃县城7千米左右的区域，当地人称为"闹海"，有一段全长100多千米，南北宽8千米至20千米的狭窄的交通、牧业要道，常刮强烈的偏东大风，使狗狂吠不已，加之当地名称为"闹海"，群众以讹传讹，久而久之，这种大风就被称为"闹海风"。

闹海风，又称作"诺海风"，闹海为蒙古语，大意是狗狂叫。形象地说，"闹海风"也就是说风的声音像狗叫一样。身临"闹海风"风区的人说，"闹海风"刮来时像大海起波涛的声音，咆哮不止，"闹海"就约定俗成了。

"闹海风" 多在 "窝里斗"

吉木乃县城被哈萨克族人称为"冬窝子"。县城之所以适合人们过冬，是因为在冬天只要一刮起"闹海风"，县城一带的气温就会有所上升。

吉木乃县城地势较低，东、西、南三面有山，当有冷风从东北面广阔的乌伦古湖吹来时，县城因有东西走向的加勒哈甫山的阻挡，县城南北两面有"闹海风"，县城里反而风平浪静。

大风沿县城东面的红山所在山系刮向南面，并被隔在了红山之

南，然后又被更高的、享有"世界上最低的冰峰"之称的木斯岛冰山挡住去路，所以这股风只能会聚在城南两山之间最宽处不到30千米的狭长地带。由此造成了"闹海风"这种特殊的陆地大风现象。

打开"闹海风"风区空间分布图可发现，"闹海风"风区呈东南—西北走向；这种风是一种地方性的偏东大风，其经过的区域是极其有限的。

"闹海风"东起布伦托海西岸，经莫合尔台—色热铁尔，受加日勒哈甫山的阻挡，分南北两支。北支再经土满德—达冷海齐—诺海—喀拉苏—科克什木到国境；南支再经巴扎尔胡勒—巴特巴克布拉克水库—阿尔恰勒—萨尔乌愣到中哈国境。其中色热铁尔—诺海段风力最强，其他段因地势开阔，风力相应较弱。

根据吉木乃县气象局普查的观测记录，从时间尺度看，"闹海风"出现时段主要在11月至次年3月，集中在12月至次年2月，3月份出现的总次数最少；平均每年出现的时间基本上在8天左右，在一次天气过程中有时多达7天。

"狭管效应"是滋生"温床"

专家解释说，冬季大风经过峡谷风力骤然增强，加上沿途夹带的沙雪，容易形成"闹海风"。有利的大气环流形势、稳定的积雪或者新增积雪造就的下垫面以及独特的地形共同作用，才是"闹海风"形成的"温床"。

首先，从大气环流形势特点分析，可发现，"闹海风"出现在冷空气影响阿勒泰地区后的几天，此时上空1500米到3000米的冷气团往往已东移至阿勒泰地区东部，紧随其后的暖气团向西南方面推进，从而在巴尔喀什湖西部至富蕴、青河形成冷暖空气对峙的密集的锋区带，锋区带两侧的冷暖平流则会产生上升和下沉运动。

与此相对应，地面强大的冷高压已移至青河县站附近，吉木乃县站处于高压后部。强大的冷高压形成向外流出的辐散气流，东高西低的气压场形成地面的偏东风，产生了持续的冷空气回流，同时下沉的冷空气和上升的暖空气分别在青河、吉木乃产生大的正变压和负变压，两地的变压差偏大，产生的变压风加速了冷空气的回流。

其次，翻阅气象观测资料，吉木乃平均年降雪量为79.9毫米，年均积雪厚度为29厘米，为吹雪和雪暴的产生提供了必备的条件。有关"闹海风"个例分析表明，80%的"闹海风"天气发生在吉木乃测站出现小量降雪天气后6小时，新增积雪在地面滞留时间短且松软，易形成吹雪和雪暴天气。

此外，独特的地形作用对"闹海风"的形成至关重要。闹海地区常常出现"闹海风"，这与它特殊的地形密不可分。在吉木乃县城以东，自北向南依次排列着哈头山、马斯阔孜山、加勒哈甫山和萨吾尔山。这些山体形成了自东向西，两山之间的峡谷，就是闹海风区。闹海地区整个地势由东南向西北倾斜，存在明显的"狭管效应"，并且峡谷的东西走向，正好与上空1500米和地面流场相一致，从而使东风风速得到加强，这一点也很重要。

再有，阿勒泰地区的地形成阶梯状，东高西低，利于入侵冷空气在此堆积，形成强大的冷高压，促使气流从阿勒泰地区东部沿斜坡下滑，产生慢坡效应，使到达闹海地区的东风加大。

由此，在"闹海风"风区内部，由于风速大、气温低，容易形成风灾。

"闹海风"容易引发白灾

"闹海风"一刮，天昏地又暗；雄鹰不展翅，牧人不扬鞭；人遇难回还，车遇卧路边。1996年出版的《新疆通志·气象卷》中，如此形象地记载了"闹海风"发生时的情景。

狂风怒号，积雪随风乱舞，伸手不见五指，能见度常低于50米，白天犹如黑夜，睁眼不辨方向，使在其间的行人和牲畜常因迷失方向而丧生，同时吹雪形成雪阻，使车辆无法通行。事实上，在吉木乃，遇上"闹海风"，一般司机是不敢轻易将小型车辆开进风区的。

说起"闹海风"，吉木乃县气象局工作人员体会颇深。该局的观测人员曾到"闹海风"风区实测风力，而这种测风仪，最大只能测到12级风，结果仪表读数一下子就到头了。

因此，在冬日里，当吉木乃县城的人们看到城南有白烟出现时，如果没有紧急的事情，大多会选择在家里享受冬日的温暖，而不会轻易出城。

在吉木乃县，"闹海风"的肆虐对牧业的影响更大。由于"闹海风"的出现，积雪容易掩盖草场，且超过一定深度，有的积雪虽不深，但密度较大，或者雪面覆冰形成冰壳，牲畜难以扒开雪层吃草，造成饥饿，致使牲畜瘦弱，常常造成母畜流产，仔畜成活率低，老、弱、幼畜饥寒交迫，死亡增多，从而形成白灾。

针对地方性强的"闹海风"，吉木乃县气象局已经在"闹海风"风区建立了自动站，进行实时监测，监测网点密度有待增加。目前，遇有"闹海风"，当地气象观测人员多是采取深入风区，利用便携式观测设备开展监测工作，但是这存在一定危险性。与此同时，"闹海风"属于小范围、小概率天气事件，准确地预测"闹海风"仍有一定的难度。

"尽管'闹海风'很可怕，但是人们可以根据天气预报事先采取预防措施，尤其是牧民可以通过天气预报'看天转场'。相信随着气象观测网络密度的加大，今后对'闹海风'的监测预报预警服务能力将显著增强。"吉木乃县气象局主要负责人这样表示。

（原载《气象知识》2010 年第 3 期）

不容忽视的"穿街风"

◎鲁 齐

　　提起穿堂风，几乎尽人皆知。炎热的盛夏，若有阵阵穿堂风吹来，倍感爽快。但对于穿街风，未必人人知晓。

　　那么，什么是穿街风呢？顾名思义是指有风天时，在某些高层建筑附近形成的街道强风。如英国克洛顿市的圣·乔治宫是一座南北走向大楼，高75米、宽50米、深18米。在它西侧有一条长75米的商业街。在它的底层有一宽12米、高3.7米的通道，把西侧的商业区与东侧的街道连接起来。1964年，当这座大楼建成后，在商业区及通道出现了强风，行人走路十分困难，受到人们的抱怨。穿街风对人们的影响不仅如此。在美国波士顾，曾有一辆邮车行至一座大厦下面时，竟被一股强风吹翻。再如，1982年1月的一天，一位妙龄小姐刚刚走出曼哈顿大街的一座大厦，一阵穿街风将她吹到几米之外，撞到一根电线柱上，碰伤了肩膀。类似这样把人吹倒摔伤的例子，在国外屡见不鲜。有意思的是，这位小姐并未埋怨天气如何。她到法院，控告了设计这座大厦的设计师。如果在以前，她的控告立刻就会被驳回，原因是强风吹袭，是天气问题，与大厦设计无关。但在科学发展的今天，当这位小姐拿出流体工程学计算的科学数据时，法庭判决建筑设计师、大厦经理、纽约市政当局负有责任，赔偿损失上百万美元。

科学家观察的结果证实，这种穿街风并非在有高层建筑的地方就必然出现。而是在与邻近建筑物相距不远但直接分离的单幢高楼区域或与周围建筑物高差极为悬殊的高层建筑区域，最易产生穿街风。在风洞实验中，设计师们可以模拟建筑周围出现的风力大小及走向，从而提出科学的设计要求。如果高层建筑和街道的设计适当，可以避免或至少减弱穿街风。由于风洞研究十分成功，美国许多大都市明文规定，凡建造高层建筑，必须事先进行风洞试验，否则一切后果由设计师负责。

为什么说大都市街道上的强风，多半不能完全归咎于有风的天气，建筑设计师应有一定的责任呢？这是因为高大建筑物在遇到一定风力时，会使气流的走向和速度产生很大的变化，产生紊乱交错的"湍流"。特别是在大厦正面迎风气流转向的区域或在楼房的拐角处，可形成很强的旋风。而当湍流流经大厦两侧或进入街道及楼下人行通道时，又因狭管效应会形成比一般风速大两倍的强风。

自 20 世纪 60 年代，美国一些大城市兴起建造摩天大厦潮流以来，穿街风就成了建筑业中的普遍问题。以波士顿为例，52 层的普鲁顿大厦的业主，不得不在大厦下面街道上设置安全玻璃。此外，每逢风天，保安人员就要出动，以便随时保护、帮助行人。

随着我国经济的不断发展，一些大城市百米以上的高楼大厦如雨后春笋般矗立在华夏大地上。众所周知，我国是世界上季风最明显的区域之一。盛行风向随季节呈周期性转换。冬季我国大陆大部分地区吹偏北风，夏季则盛行偏南风；另外在西北太平洋洋面上形成的热带气旋或台风，对我国东南沿海地区进行狂暴的肆虐。这些都是形成穿

街风的气候背景。所以建筑师在决定建筑物或建筑群方位和街道设计时，应首先考虑这些城市所具有的气候因素，把建筑物的排列方式与主导风向相适应。并通过合理布局，使建筑群体形成高差较小的梯形样式。对于实在需要连片的高层建筑，必须避免紧紧相邻，要错开相互间的位置，以减弱风力，减少穿街风给人们带来的不便及危害。

（原载《气象知识》1995 年第 1 期）

空中也有无形的飞行险区

◎ 张国杰

如果你是一个飞行员，当你驾驶战鹰搏击长空的时候；如果你是一个乘客，当你乘坐"空中客车"在蓝天旅行的时候，你一定不希望遇到乌云翻滚，电闪雷鸣，狂风暴雨等恶劣天气。因为在这些复杂的气象条件下飞行，不仅给飞行员操纵飞机带来很大的困难，而且还会给乘客的身心带来许多不适，严重的会出现飞行事故，甚至造成机毁人亡。

然而，这些恶劣的天气现象却都是有形的、明显的，在飞行中只要注意观察分析，便不难发现和避开。但空中的各种气流，它们既能酿成

空中飞行

看得见的各种天气现象，又能制造看不见的急流涡旋，给飞行航路上设下无形的险区。在毫无准备的情况下，一旦飞入这些区域，同样也会使飞行安全受到很大的威胁。因此，对我们必须要有充分的认识。

扰动气流的形成

在日常生活中，我们注意观察缭绕的炊烟，飞扬的尘土，飘旋的花絮，不难发现它们的运动并不都是平稳的，而且还有局部的忽上忽下，忽左忽右，忽快忽慢，很不规则。这表明空气在较大范围有规则的运动中还包含了许多不规则的运动。这种不规则的运动称为乱流，也叫扰动气流，又称湍流。正是这种不规则的扰动气流，在空中形成了无形的飞行险区。

那么，扰动气流是怎样产生的呢？按其性质可分为动力扰动和热力扰动。动力扰动气流的形成原因：一种是空气流过粗糙不平的地表面，或者越过、绕过障碍物、山坡时，由于受到摩擦和阻碍，使得空气发生波动和涡旋，犹如河水流过桥磴受阻后产生波动和涡旋一样，形成了扰动气流。风速越大，地面越粗糙，障碍物越高，扰动气流也就越强。另一种情况是互相靠近的两个气层，如果一个风速大，一个风速小，或两者风向不同（称为风切变），那么，在这两个气层的交界处也有涡旋发生，形成扰动气流。风速相差越大，产生的扰动气流就越强。

热力扰动气流的形成，主要是由于不同性质的地表面，在阳光照射下其增温速度不同，如陆地比相邻的水面增温快，因而形成了空气温度分布的不均匀，陆地上空较暖的空气上升，水面上空较冷的空气下降，产生了大小不一的波动和涡旋，形成了扰动气流。在其他条件相同的情况下，相邻地段上的地表性质差别越大，扰动气流越强。热力扰动气流的强度和所及的高度，也有明显的日变化，日出后逐渐增强升高，到了午后达到最强最高，随后又逐渐减弱降低。

扰动气流对飞机的影响

飞机在飞行中如果遇到了扰动气流，由于受到其垂直或水平方向时大时小气流的冲击，使飞机的升力发生不规则的变化，犹如汽车行驶在坎坷不平的道路上一样，产生颠簸、摇晃、摆头以及局部抖动和操纵困难等现象，这就是通常所说的飞机颠簸。

扰动气流造成颠簸，对飞行的影响很大。首先，它使飞行员和乘客的身体感到不舒服、不自由，颠簸严重时，还会使人呕吐不止、头晕目眩、心情紧张。其次，它使飞机仪表示度不准。颠簸时，仪表指针晃动厉害，不易观察；颠簸强烈时，有的仪表就不准确了，影响飞行员对飞行状态的正确判断。另外，对战斗机来说，它给操纵带来困难，轻则影响编队、投弹、射击、空中照相等活动；重则使操纵失灵。对民航机影响更巨大，颠簸强烈时，可在数秒钟之内将飞机抛上或掷下数十米甚至数百米。如果在起飞、着陆时遇上颠簸，还可能造成机毁人亡。如1975 年 6 月 24 日，美国一架波音客机在纽约国际机场着陆时，在 60 米高度上遇到强烈的下冲气流，尽管飞行员经验丰富，技术熟练，但由于高度太低，操纵失灵，结果飞机在跑道附近坠毁，使 113 人丧生。有时扰动气流能损坏飞机的部件。发生颠簸时，飞机各部分都受到忽大忽小气流的冲击力，当这种冲击力强度超过飞机所能承受的强度时，飞机的某些部分如机翼、尾翼等，就可能变形甚至折裂解体。20 世纪 50 年代，前苏联图 104 飞机两次在一万多米的高空飞行，就是遇到高空急流

中的强烈颠簸而失事。

据统计，美国仅在 1969 年就有 11 次飞机坠毁事故是由于扰动气流引起飞机强烈颠簸造成的。国际民航组织公布的 1979—1989 11 年中，出现的飞行事故资料也表明，在航线飞行阶段出现的飞行事故中与扰动气流有关的占 48% 。可见，空中出现强扰动气流的区域的确是无形的飞行险区。

扰动气流的多发区

扰动气流多出现在山区、高空急流区、雷暴下冲气流的周围、冷暖空气交界的锋面及低空的逆温层中。

山区，是扰动气流形成的多发区，并且造成飞机颠簸的扰动气流，常常是动力和热力两种因素综合作用的结果。因此，在山区飞行最容易出现飞机颠簸。这一方面是由于气流受到山的阻碍被迫绕山或越山而过，出现升降气流和乱流；另一方面是由于山脉的各个部分增温不均，往往产生热对流和地方性的山谷风。所以，山地气流紊乱，飞机颠簸强烈。如我国的青藏高原，山高坡陡，山峦重叠，加之日照强烈，并且向阳、背阳坡的增温差异大，所以扰动气流不仅强，而且分布也错综复杂。在这个地区飞行，常常会遇到强烈的颠簸。

高空急流是隐伏在空中的一条范围窄、流速快的强风带。高空急流的风速都在 30 米/秒以上，最大风速有时平均达到 100 ~ 150 米/秒。但各处风速大小不同，其中以急流轴上的风速最大，由轴向外风速逐渐减小。正是由于这种风速的急剧变化（垂直方向上每千米风速相差 5 ~ 10 米/秒，水平方向上每百千米风速相差 5 米/秒左右），很容易在急流附近产生强烈的扰动气流，且出现的概率比空中其他区域要多得多。根据国内外探测研究的结果证实，急流区中，风速变化最剧烈的地方，是在急流轴偏低压的一侧和急流轴下方有锋面的区域。因此，强烈的扰动气流和颠簸也多出现在这些地方。

雷暴下冲气流的周围、冷暖空气交界的锋面及低空的逆温层中，也是扰动气流容易形成的地方。由于这些扰动气流出现的高度比较低，所以又把它称为低空风切变。当雷暴云中的下冲气流到达地面向外辐散时，风向突然改变，风速也立即加大（阵风风速可达20米/秒以上），它与周围的暖空气之间，就会形成很强的低空风切变。大气中的冷暖气团相遇，在空中锋面区域的两侧，风向风速有明显的变化，也会形成很强的风切变。

如何应对扰动气流

扰动气流虽然是引起飞机颠簸的主要原因，但飞行中遇到扰动气流并不一定都会发生飞机颠簸。只有当升降气流的水平范围与飞机的大小相近时（对于现代飞机来说，约为10～200米），才容易引起飞机升力的变化，造成颠簸。如果升降气流的范围很大，飞机只会平稳地上升或下降，而不会出现颠簸。如果飞机遇到的扰动气流的尺度比飞机的尺度小很多，同时作用在飞机上的许多涡旋，必然要发生局部抵消或相互补偿的作用，也不会引起颠簸。这和汽车在一般公路上行驶时所感受的情形类似：当汽车行驶在光滑的大坡度路面上的，不一定有颠簸，行驶在细小砂石所铺的路面时，颠簸也不明显。只有在那些由不大不小的石块，沟坎和坑坑洼洼所构成的路面上行驶时，才会出现较强的颠簸。

由此可见，对于扰动气流，我们既不必谈虎色变，也不能掉以轻心。飞行中，作为乘客，系好安全带是最好的防范措施。作为飞行员，

如果遇到较强的颠簸，一方面可采取改变飞行高度或改变航向的方法，尽快脱离强颠簸区。另一方面，可适当减小飞行速度，但动作要柔和，速度不能低于该型飞机在颠簸中规定的飞行速度。除此之外，还应根据不同的情况，沉着冷静、灵活果断地处置。

在山区飞行时，由于山地的升降气流与山的高度有关，山越高越陡，升降气流越强。比较来说，背风坡的下降气流对飞行危害更大。这是因为在背风坡的下沉气流中飞行，飞机不但会不自觉地降低高度，而且往往容易被下沉气流带入背风坡的涡旋中。所以，在山区飞行，飞机均应保持在山顶上的飞行安全高度以上。同时，还要考虑到热力扰动气流的日变化，应尽量避开在午后热力扰动强的时段飞行。

在高空飞行时，首先要向气象部门了解高空有没有急流，高空急流轴的位置、强度等，竭力避免横穿急流区飞行。

在低空飞行时，由于飞机相对地面的高度低，使飞行员处置的高度和时间有限。因此，对低空风切变要有高度的警惕。尤其是当机场上空有较强的雷暴天气时，一定不要在雷暴云下起飞着陆。

（原载《气象知识》1998 年第 1 期）

从秘鲁客机坠毁谈低空风切变

◎ 王奉安

秘鲁当地时间 2005 年 8 月 23 日 16 时 23 分，从利马起飞的一架秘鲁国营航空公司波音 737 - 200 客机，在秘鲁中部普卡尔帕城附近坠毁。这架载有 92 名乘客和 8 名机组成员的客机在位于秘鲁首都利马东北 785 千米的普卡尔帕机场附近 3 千米的一条公路上，试图在起落架没有打开的情况下迫降时坠毁。客机机腹着地，巨大的撞击使客机顿时摔成两截。造成 48 人死亡，另有 52 人生还。

祸起风切变

据分析，当天的恶劣天气和飞机严重老化是导致这次秘鲁客机坠毁事故的主要原因。秘鲁国家航空运输公司发言人贝莱万说："初步资料表明，这起事故由降落时遭遇的侧风也就是风切变引起的。"贝莱万的说法得到地面飞行控制人员证实。飞机坠毁前，一名女飞行员联系机场控制塔台说，由于强风和一场暴风雨，飞机无法降落，只能在空中盘旋，试图紧急着陆。一名生还乘客尤里·冈扎莱斯回忆道："飞行员说我们还有 10 分钟就会降落，但空中紊流非常强大……最后我们感到一下猛烈的冲撞，接着我们周围到处都是火焰和火光，我看到我的左边有个洞，于是我和另外两人从那儿逃了出来。由于我动作慢，我听到后面

有人大声叫嚷催促我，因为飞机要爆炸了。尽管当时有暴风雨，但火焰仍然非常凶猛。我感到有冰雹砸下来，而地上的泥浆淹过我的膝盖。"另一名生还乘客道："我和一名朋友从机身上踢开一个缺口逃了出来，我无法看清任何东西，身边只有火光、烟雾和滂沱的大雨。"大多数生还者都遭遇了烧伤和骨折。

无独有偶。8月2日，法国航空公司空客 A340 客机在加拿大多伦多机场附近起火解体，也是风切变所致。法国航空问题专家克里斯·耶茨指出，空客 A340 是非常受欢迎的"主力机型"，拥有非常好的安全记录，但极端天气状况对于客机而言仍具有危险性，尤其在飞机起飞和降落期间。由于出事客机降落时，多伦多地区上空电闪雷鸣，大雨倾盆，因此可能引发风切变现象。瞬间风向风速的急剧变化引起飞机速度和升力突然改变，飞机剧烈颠簸，机身失去平衡。2001 年 2 月 7 日，西班牙航空公司一架空客 A320 飞机在西班牙毕尔巴鄂机场着陆时，在穿过 200 英尺[①]高度时也遇到强风切变，飞行速度突然迅速下降，飞机以 1200 英尺/分的下降速度着陆，3 个起落架几乎同时接地，前起落架折断，飞机中度损坏，并有乘客受伤。

低空风切变及其天气背景

所谓低空风切变是在低空 600 米高度以下近地面层附近的某一高度上或不同高度上很短距离内风向风速发生较大的变化，或在短距离上升、下沉气流突然变化的现象。

飞机在大气中飞行，会遇到顺风、逆风、侧风和垂直气流等因素的

---

①1 英尺 ≈ 0.3048 米，下同。

影响。因此，通常根据飞机相对于风矢量的方位不同，把风切变分为顺风切变、逆风切变、侧风切变等几种形式。

产生低空风切变的天气背景主要有雷暴、锋面系统和辐射逆温3种。

雷暴形成共有3个阶段，即形成积云、发展成熟、放电消散。在第一阶段，积云内盛行上升气流。第二阶段，既有上升气流，同时也有下降气流，还有湍流以及滚轴状云剧烈的翻滚。第三阶段，有雷电、暴雨、冰雹和强烈下冲气流。具有严重的低空风切变是飞行的极危险区域，也是飞行安全的大敌。

大气中冷暖两种性质不同的气团相遇后，其间有个十分狭窄的过渡区，称为锋，确切地说叫锋区。在锋的两侧除了温度有明显的差异外，风等其他气象要素也具有很大的差异，同样会形成风的切变。

当晴空的夜间有一个强的辐射逆温存在时，常伴有一个低空急流。它一般发生在1500米高度以下。这种低空急流也称为夜间急流。稳定的逆温层存在，阻碍了上层大风的动量向地面传输。逆温层顶附近有动量堆积，形成了低空急流。在低空急流附近风速有较大的切变。但是它的切变强度要比雷暴条件下的风切变强度小得多。这种天气条件在秋冬季较多。一般在日落以后开始形成，日出之前达到最强。日出之后低空急流随逆温层的破坏而消失。

所有的风切变对飞行安全都有较大影响，特别是雷暴型低空风切变对飞行安全的威胁最大，它可以使飞机偏离正常航迹，而且使飞机失去稳定，若驾驶员判断失误，处置不当，则常会导致严重后果。8月23日秘鲁客机坠毁就是由这类型低空风切变造成的。

如何应对低空风切变

　　减轻或避免低空风切变对飞行的危害，是确保起飞和着陆安全的重要措施。飞机起飞或着陆如果遇到较强的低空风切变，当时飞机所在的高度是影响飞行安全的重要因素。如果低空风切变的强度大，或再伴有侧风切变，则会面临更加复杂的情况，使得机组修正航向更加困难。在判断和识别风切变的基础上，如何采取相应措施，认真对付低空风切变是至关重要的一个环节。作为航空气象部门要尽早做出低空风切变的预报，及时提醒机组做好应付风切变的各项准备；作为各航空公司和飞行人员，平时要加强培训，提高处置能力。当在航空飞行中遭遇风切变时，一定要按飞行操作程序办事，机智灵活，准确判断，果断处置，确保航空飞行安全。但是这个问题是极复杂的一个综合性问题。它涉及飞行员的技术水平、飞机自身的性能、地面航空保障能力等。因此，既然是综合性问题，就要用综合方法来解决。只要人们对低空风切变有足够的认识，就能正确去判明和识别，沉着冷静去处理。

（原载《气象知识》2005 年第 5 期）

沙尘暴

沙尘暴——大自然对人类的报复

◎ 汪勤模

1998 年 4 月 15 日子夜，阵阵炸雷，携风带土，将一层薄薄的泥浆洒遍京城。次日早上，映入出门的京城百姓眼中的是：道路、房屋和停在户外的汽车上都罩上一层黄色泥浆，刚刚迎春绽放的花朵和绿叶上蒙满了灰垢。在沥沥小雨中，笔者骑车上班时，也遭受了京城少见的这种"泥浆雨"。16 日整个白天，北京城的天空和街道笼罩在土黄色之中。

何止京城，据悉，铺天盖地的浮尘以不可阻挡之势直下江南……

纷至沓来的沙尘报告

宁夏银川：大风从 15 日中午刮起，开始有风无沙，到下午四五点钟，风中挟带大量黄沙，到傍晚，空中弥漫褐色沙尘，能见度不到 50 米。最大风速达 25 米/秒。被狂风刮碎的玻璃随处可见，在大街上行驶的汽车打开了车灯。据说，这场沙尘暴使许多骑车人无法骑行，只好艰难地推车慢行。回到家中，头发里、耳朵中、牙缝里都灌了许多细小的泥沙。

甘肃兰州：15 日中午到夜间，河西各地出现大风沙尘天气，酒泉、民勤、金昌等地出现了八九级大风，民勤、金昌等地同时伴有沙尘暴，三地能见度均小于 700 米，其中民勤县能见度只有 300 米，为强沙尘暴。而兰州 16 日清晨，天空则是浮尘蔽日。

内蒙古呼和浩特：4 月 15—16 日，一场近 10 年来少见的大范围沙尘暴铺天盖地地袭击了内蒙古中西部地区，阿盟、巴盟、伊盟、乌盟、锡盟以及呼和浩特市出现 6~7 级西北风，并伴有扬沙和沙尘暴。其中阿盟最为严重，局部地区能见度仅 100 米。据不完全统计，这次沙尘暴造成乌海和包头市部分蔬菜大棚和果树受灾，损失 6 千余万元。

山东济南：15 日子夜，泉城济南下了罕见的"泥浆雨"。16 日清晨，济南市民惊奇地发现整个城市笼罩在黄色的沙尘中。根据济南市环境监测站 16 日 0 时到上午 8 时的自动检测数据，济南上空的黄色悬浮颗粒物浓度普遍大于 1.0 毫克/米^3，约是国家规定一级标准的 9 倍，比三级标准还高出 1 倍。

江苏徐州：16 日上午，徐州市上空天色苍黄，整个市区好像是置身于尘土飞扬的工地，有些出行的路人不得不戴上了防尘口罩。

笔者 17 日上午从有关方面了解到，这次来自西北和内蒙古地区的沙尘暴，从 16 日起，使华北中部到长江中下游以北大部地区先后出现了浮尘天气。17 日 8 时天气实况资料显示，浮尘已达江汉平原和江南中东部，武汉、南京、上海、杭州、修水等地都报告了天空呈土黄色。这次沙尘暴还"漂洋过海"，在 17 日 8 时地面天气图上，连韩国济州岛和日本九州等地也都标上了浮尘天气符号"S"。

南有台风　北有沙尘暴

说起台风，人们可能比较熟悉，一般把它视为洪水猛兽，用狂风暴雨、排山倒海、拔树倒屋……来形容台风的厉害一点儿也不为过。有人把沙尘暴与台风相比拟，说"南有台风，北有沙尘暴"，说明沙尘暴也是一种对国民经济有严重影响和令人胆战心惊的灾害性天气。尽管沙尘暴与台风有许多显著的差异，比如台风和沙尘暴发生的下垫面是不同的。台风和沙尘暴出现的季节是不一样的，台风主要出现在夏秋两季，沙尘暴基本上集中在春季。台风发生时，伴随强风的是暴雨，甚至是特大暴雨，而沙尘暴来临时，狂风挟带大量沙尘，破坏和掩埋地面物体，几乎没有降水现象。然而，它们的共同点，就是那强大的、万军不可阻挡的狂风。

气象学中规定强风将地面尘沙吹到空中，使水平能见度小于 1 千米的天气现象称为沙尘暴，此时天空一般呈土黄色。我国发生沙尘暴最多的地区乃是西北干旱沙漠地区。其中瞬间风速较强，造成能见度极低的一种特强沙尘暴又俗称为黑风暴，它是河西走廊和南疆盆地南缘独有的天气现象。黑风风头像一排翻滚冲击的滔天黑浪，风头一到，顿时狂风大作，飞沙走石，漆黑一团，瞬间最大风力可达 12 级以上，最小能见度小于 50 米。

1993 年 5 月 5 日，甘肃金昌市遭受特强沙尘暴的实况录像就够让人心惊肉跳的：

先是一种恐怖的声音，那是埋没一切的声音，似有三军战鼓齐鸣之势。先声夺人之后，是一股冲天而起的红色沙浪，红色迅即转暗成为灰色、黑色。太阳也无可奈何，黑风挟带黄沙、石块铺天盖地而来，金昌市内的树木前俯后仰竭力阻挡着。然而力不从心，不到一分钟，所有的行道树或者拦腰折断，或者连根拔起。黑风过境时，能见度小于 50 米，风速为 32 米/秒。

"5·5"黑风造成 85 人死亡，264 人受伤，31 人失踪，12 万头（只）牲畜死亡或丢失，73 万头（只）牲畜受伤，37 万公顷农作物受灾，直接经济损失约 7.25 亿元。

沙尘暴的形成要满足三个基本条件，一是要有沙源，二是要有强冷空气（大风），三是要有冷暖空气相互作用。因此，如果没有沙源这个条件，后两个因素只能造成大风或降水等天气现象。显然，我国北方多沙尘暴与地表状况密切相关。

众所周知，我国北方春旱明显，"三北"地区，尤其是华北地区素有"十年九春旱"之说。北方地区又是春季大风的多发地区，两者叠加的结果，使得地面植被稀少的北方出现风沙天气就成为常见的天气现象。

1998 年入春以来，北方地区地面植被没有完全长起来，天气转暖解冻又使地表黄土松动。来自西伯利亚和蒙古的一股强大冷空气，在东移过程中，将我国内蒙古和黄土高原干燥地面上的泥沙带到空中，于是，在 4 月 15 日下午到夜间，内蒙古西部和中部、甘肃、宁夏、陕北、山西等地出现了沙尘暴天气。这些地区被卷到空中的沙尘，在高空西北气流的引导下，一边向东南方向扩散，一边借助重力作用慢慢沉降，于是，直至江南中东部都受到了这次沙尘暴的"污染"。

沙尘暴　大自然对人类的报复

　　1993 年 "5·5" 黑风暴令人难忘，眼前 4 月中旬沙尘暴又亲身体验，不能不令国人再次对沙尘暴进行思考。

　　探究沙尘暴的成因，后两个因素就目前来看人为控制是不大可能的，然而随着气象现代化水平的提高，提前预测它的发生是可能做得到的。其实令人不安的则是第一个因素。事实证明，沙源作为沙尘暴的"物质基础"，的确与人类活动大有关系。

　　就"母亲河"——黄河来说吧。黄河中上游地区，古代森林很多。在先秦时期，黄土高原还有森林，后来森林被破坏，出现了水土流失，黄河之水由清变浑，"黄河"之称可能与此有关。

　　鄂尔多斯高原北部，原为林胡人居住。"林胡"即森林中的胡人，系匈奴之一部。在秦汉时期，不断向这里移民设郡，开垦耕地，使森林遭到破坏，出现了水土流失，造成土地沙漠化。

　　说起"丝绸之路"，一定会联想起古代西域，应该说包括河西走廊的繁荣景象。然而，曾几何时，人类创造的辉煌变成了大漠中的废墟。我国西域古代三十六国之一的精绝国，据秦汉时典籍记载，"人烟稠密，繁华一时"。到唐代，便"芦芹荒茂，无复途径"。其实，这个唐玄奘曾经在西行途中路过，丝绸路上与楼兰齐名的古城，在三国时便悄然无声了。环境学家研究认为，恰恰是那时商旅的过量流入，古丝绸之路沿线水、草、土地被掠夺性使用，以及人口的猛增，终于使像楼兰、精绝这样的绿洲不堪重负，最终为沙漠所吞没。

　　让我们从古代再拉回到现代，略举一二来看看现在一些人是如何对待大自然的。

宁夏沙丘盛长甘草，甘草乃是良好的固沙植物。1993年5月5日特大沙尘暴发生前后，宁夏成群结队挖掘甘草的破坏行为达到高潮。今年3月下旬，素有"甘草之乡"之称的宁夏盐池县，同样有不少人在那漫漫的沙地里挥汗如雨，掘地三尺，去搜寻细如丝线的甘草。更耐人寻味的是，就在4月15日沙尘暴发生的前一天，中央电视台在《新闻30分》节目中对宁夏盐池县滥挖甘草、破坏草场的行为进行了曝光。为蝇头小利滥挖甘草适得其反。"黄宝"去也，"黄祸"来也。呈现在人们眼前的"甘草之乡"，却是那不尽的黄沙。这令人痛心的消息播出的第二天就发生了沙尘暴，这绝不是时间上的巧合。

黑龙江西部曾经是牧草连天碧的松嫩平原，如今，过度放牧已使松嫩草原的实际载畜量达到理论载畜量的4.7倍，且继续增长的势头不减。由此引起的土地荒漠化导致草原急剧萎缩，退化总面积已达2000多万亩，目前仍以每年200万亩的速度在扩展，而每年直接消失的草原达64多万亩。

这似乎是一个怪圈：经济越发展，灾害就越严重。无数事实告诉人们：荒漠化从根本的原因上来说，干旱固然是其一个重要方面，但就本质而言，可以说是人类自身不科学的频繁活动造成的。

两年前，新疆生产建设兵团一名职工致信《中国林业报》说：塔里木河流域因无证开荒猎獗，已有大面积植被遭到破坏，而肆意抽水造成了河水断流，下游5个农场生产、生活用水告急。在利益驱动下的开荒种棉正在加剧，长此下去，塔里木河就会干涸，下游400千米绿色长廊无疑要成为"楼兰"第二。

"'楼兰'第二"！这似乎骇人听闻！其实，这应该唤起国人们的觉醒！

绿色是生命的源泉，绿色是健康的标志；绿色是希望的曙光，绿色是未来的保障。在荒漠区特别是沙漠边缘积极植树种草，力图锁住黄沙的同时，必须对那些为蝇头小利在沙化、半沙化的土地上过度放牧、毁林毁草，破坏植被的人绳之以法，通过增强对沙尘暴天气的自我防御能力，达到减轻沙尘暴危害的目的。

（原载《气象知识》1998 年第 3 期）

不可忽视的黑风暴

◎ 张　晔

　　谈到风暴，人们自然会联想到发生在太平洋洋面上的热带风暴和台风，它会造成我国东南沿海极严重的强风和暴雨灾害。然而，这里要向大家介绍的是发生在戈壁沙漠中的黑风暴，它在我国也是一种较严重的灾害性天气。

　　黑风暴和台风都是一种由低压系统产生的风暴现象，是以强风为主角的灾害性天气，但它们之间也存在许多显著的差异。一是台风和黑风暴发生的下垫面不同；二是台风主要出现在夏秋两季，发生时伴随强风的是暴雨，甚至特大暴雨，雨涝成灾。而黑风暴集中在春季，来临时狂飙卷夹了大量沙尘，伸手不见五指，破坏和掩埋近地面物体和良田，几乎没有降水现象，由此可见，台风和黑风暴是很不相同的。

　　黑风暴实际上是强沙尘暴现象，群众俗称为黑风。它是强风、浓密沙尘混合的灾害性天气。强风是启动力，具有丰富沙尘源的荒漠和半荒漠地面，是构成黑风暴的物质基础，当然还必须具备发生近地面大风的有利天气条件——大范围强冷空气入侵和对流不稳定。

　　扬沙现象发生时，风力多在 4～8 级，近地面的细沙和粉尘被输送到 15～30 米的高度，水平能见度可维持在千米以上，通常就地形成，卷起的沙尘物质一般在就近的障碍物或绿洲边缘沉积，造成沙埋、沙割之害。还有一种与扬沙不同的沙尘暴现象，它是 8 级以上强风把大量尘土及其他细颗粒物质卷入高空，形成一道高达 500～3000 米翻腾沙尘墙

的风暴。沙尘暴携带的尘土滚滚向前，在高空可飘到数千千米甚至1万千米之外。黑风暴（俗称）是特强沙尘暴天气，我国气象上定义发生沙尘暴时最大瞬间风速≥25米/秒，能见度<50米就称为特强沙尘暴。

全球有四大沙尘暴区，它们分布在具有大沙漠和风蚀地的中非、北美、中亚及澳大利亚。我国西北地区属中亚沙尘暴区的一部分，有大沙漠和风蚀地603800平方千米，戈壁569500平方千米，不同程度的沙漠化土地60376平方千米。此外，还有风蚀性的低山丘陵、戈壁面上零星分布的风蚀残墩以及大面积风蚀性土漠。这些地方年降水量在150毫米以下，植被稀少，沙尘物质极为丰富，风蚀强烈。据1952年以来的气象资料分析，西北地区有3个发生强沙尘暴的高频区，第一个在甘肃河西走廊和宁夏黄河灌区一带，中心在甘肃民勤；第二个高频区在新疆和田地区；第三个高频区在新疆吐鲁番地区，它们分别位于巴丹吉林沙漠、腾格里沙漠和塔克拉玛干沙漠边缘，具有丰富的沙源物质。

强沙暴在我国主要出现在3—5月。统计中发现一个有趣的现象，历史上的4月13—18日和5月8—16日，似乎是强沙尘暴的"宁静期"，从未发生过强沙尘暴。还有一个有趣现象是被巴丹吉林沙漠和腾格里沙漠包围的甘肃省民勤县是强沙尘暴出现最早（3月6—7日）和最晚（7月17日）的地方，类似新疆和田地区3—6月也可发生强沙尘暴。强沙尘暴每次出现的范围和持续时间并不相同，有的只出现在一个县，持续1~2小时；有的则跨省区持续数天，甚至影响我国多个省区。如1983年4月26—28日的特强沙尘暴天气过程，不仅在3天时间内先后造成新疆吐鲁番盆地和和田地区、青海柴达木盆地、甘肃陇东、宁夏黄河灌区、内蒙古鄂尔多斯市和陕北榆林的特强沙尘暴，几乎横扫了我国北方。

回顾近半个世纪，西北地区的特强沙尘暴是逐年增加的，这可能与土地荒漠和气候干旱化有关。1993年是特强沙尘暴出现次数多、强度

大的一年，其中最强的是 5 月 5— 6 日的一次，新疆东部、甘肃河西走廊、内蒙古阿拉善盟、宁夏中北部都受到了特强沙尘暴侵袭。在特强沙尘暴临近前，可看到上黄、中红、下黑三种颜色的旋转式沙尘团组成的沙尘暴墙，形似原子弹爆炸后的蘑菇状烟云，在 1 千米远处就能听到沉闷的轰鸣声，大有三军战鼓齐鸣之势。特强沙尘暴过境时，甘肃金昌市和宁夏中卫市风力达到 12 级，能见度降至不到 50 米。这次黑风暴造成 85 人死亡，264 人受伤，31 人失踪，12 万头（只）牲畜死亡和丢失，73 万头（只）牲畜受伤，农作物受灾面积达 37 万公顷。直接经济损失约 7.25 亿元。至于黑风暴造成的土地退化等生态灾变和社会影响，则难以评估。

特强沙尘暴对不同地物的危害方式也不同，如强风机械危害型、沙埋危害型和风蚀沙割危害型。强风造成的沙尘搬迁风蚀物，不仅直接影响沙源区土壤和营养物质的过度流失，而且污染空气，对其他地区以致

全球的太阳辐射和热平衡都有一定的影响。有关资料计算表明，近 10 年来我国西北地区发生的沙尘暴，在甘肃的沉降总量，达到 3758.37 万吨，这是一个惊人的数字。它可飘流到日本、朝鲜半岛、台湾及 1000 千米外的夏威夷，甚至降落至北美大陆。全球每年因沙尘暴引起沙尘搬迁的沉积物可达 $10 \sim 20$ 吨/千米^2。气象卫星资料分析气溶胶光学厚度发现，我国西北沙尘暴是大气气溶胶的重要来源，它们可以蔓延数千千米，覆盖上百千米面积。沙尘长距离输送会损坏农田沃土，但也起到增加降水量、缓解酸雨危害程度的作用。日本观测确认，来自中国的沙尘粒子是日本冰晶凝华核的主要部分，增加了日本的降水量。又如 1988 年 4 月的一次沙尘暴，使北京地区空气中总含沙尘量比正常情况高 15.7 倍，由于碱性亲石元素大量增加，减轻了酸雨危害。此外，平流层内沙尘微粒浓度的增加会造成平均气温降低。

目前，对沙尘暴的形成以及它对大气生态环境的影响已引起了全球科学界的重视，并开展了一系列研究。我国的研究表明：发展有效的特强沙尘暴天气防护体系，包括建立中尺度天气监测网和预报、预警系统；加强和完善特强沙尘暴天气的联报联防；研究制定西北地区脆弱生态系统保护规划；加强退化生态区域的恢复治理和植被保护；加强沙尘暴防灾抗灾知识的科普宣传教育工作等，都是减轻特强沙尘暴危害的有力措施。

（原载《气象知识》1997 年第 2 期）

另眼看沙尘暴

◎ 汪勤模

　　一提起沙尘暴，人们就会联想到出门睁不开眼、满身是土的情景。它的危害，更是有目共睹，沙尘暴通过强风、沙埋、土壤风蚀和空气污染，对人类的生产和生活造成严重的不良影响。沙尘暴期间的大风和低能见度可造成广告牌倒落，房屋倒塌，交通受阻，供电中断，沙尘暴还可致使农田种子和禾苗被吹走，发生火灾，甚至导致人畜伤亡。弥漫在空气中的大量细颗粒还对人类呼吸系统造成严重伤害。但是，事物都是一分为二的，沙尘暴作为一种不以人的意志为转移的自然现象，也并非"有百害而无一利"。客观地说，沙尘暴给人类带来的不都是危害，也有一些积极而"善良"的一面。

沙尘暴的正面气候效应

　　沙尘暴是一种极端的天气气候事件，可是，它又对气候变化起着一定的抑制作用，也就是说，它也有一定的正面影响。这与沙尘暴的沙尘气溶胶有关。气溶胶是空气中悬浮的固态或液态颗粒的总称，典型大小为 0.01～10 微米，能在空气中滞留至少几个小时。沙尘气溶胶通过三个方面对地球环境产生重要影响。

另眼一看：净化空气

沙尘一方面污染空气，一方面也能净化空气。您可能会感觉到，沙尘暴过后，尘埃落定的天空是很洁净、很晴朗的。原因是，沙尘在降落过程中可以吸附人类活动如工业烟尘和汽车尾气中的二氧化硫等物质，能把空气中的杂质沉淀下来，从而起到了过滤空气的作用，使空气变得干净一些。

另眼二看：缓解酸雨

众所周知，我国北方地区工业比较发达，工厂和交通工具排放的硫氧化物和氮氧化物数量也绝不比常降酸雨的南方许多大城市少。可是，北方除了个别城市以外却很少有酸雨发生。原来，这是因为北方常有沙尘天气出现，而沙尘含有丰富的钙等碱性阳离子，这些外来的和地面扬起的碱性沙尘可以有效地中和空气中能够形成酸雨的一些酸性物质，从而使我国北方免受或少受酸雨之苦。

沙尘暴缓解酸雨的功能，已经为国外学者研究证实了。比如，日本和韩国科学家发现，沙尘暴所携带的碱性沙尘可以中和大气中的工业污染排出的酸性物质，大大降低酸雨的酸性。事实上，西亚，包括我国的沙尘暴，漂洋过海，对韩日两国的酸雨起到了显著的抑制作用。

另眼三看：抑制全球变暖

沙尘暴的沙尘气溶胶，像一把太阳伞阻挡太阳辐射进入地球表面，也就是所谓"阳伞效应"；沙尘粒子还可以作为云凝结核和成冰核影响云的形成、辐射特性和降水，产生间接的气候效应，这被称为"冰核效应"。这些效应在一定程度上可以抑制因大气温室效应增强所造成的全球气候变暖现象。

另外，科学家认为，沙尘粒子富含海洋生物必需的、也是海水中常常缺乏的铁和磷，因而有助于海洋生物生长。在海洋中增加铁可使浮游生物增加，并消耗大量的二氧化碳，使大气中的二氧化碳浓度降低，进而降低全球的温度。由于铁来源于大陆的沙尘，被称为所谓的"铁肥料效应"。据估计，每年从我国沙漠输入太平洋的矿物尘土为 6000 万 ~ 8000 万吨。

沙尘暴的迁移沉降效应

沙尘暴所迁移的沙尘，在一定程度上弥补了一些地区土壤的不足，它的沉降堆积更形成了一些特殊的地形和地貌。

另眼四看：造就夏威夷

夏威夷远离大陆，是海底火山喷发后的熔岩凝固而成的。那么，夏威夷上孕育无限生机的土壤来自何处？

科学家经过收集空气中肉眼看不见的细小尘粒，取样化验后证实，造就夏威夷最初的养料来自遥远的欧亚大陆内部。两地相隔万里，普通的风无法把内陆的尘埃吹到这么遥远的地方。是沙尘暴，把细小却包含养分的尘土携上 3000 米高空，漂洋过海，穿越时空隧道，一点点地沉降下来。可以说，没有沙尘暴，也就没有北太平洋上最璀璨的明珠——夏威夷。

再如南美的亚马孙盆地，由撒哈拉沙漠每年因沙尘暴向亚马孙盆地东北部输入的沙尘量约 1300 万吨，相当于该地区每年每公顷增加 190 千克的土壤。

另眼五看：造就黄土高原

古时候，印度板块向北移动与亚欧板块碰撞之后，印度大陆的地壳插入亚洲大陆的地壳之下，并把后者顶托起来，从而使喜马拉雅地区的浅海消失了，喜马拉雅山开始形成并渐升渐高。青藏高原和喜马拉雅山

脉的强烈隆起成为了第四纪的一个重大事件。

　　然而东西走向的喜马拉雅山挡住了印度洋暖湿气流的向北移动，中亚地区年降水量逐渐减少，久而久之，中国的西北部地区越来越干旱。干燥地区气温日差较大，夜冷昼热，岩石物理风化成为沙粒，渐渐形成了大面积的沙漠和戈壁，这里就是堆积起黄土高原的那些沙尘的发源地。体积巨大的青藏高原正好耸立在北半球的西风带中，240万年以来，它的高度不断增长着。青藏高原的宽度约占西风带的1/3，把西风带的近地面层分为南北两支。南支沿喜马拉雅山南侧向东流动，北支从青藏高原的东北边缘开始向东流动，这支高空气流常年存在于3500～7000米的高空，成为搬运沙尘的主要动力。与此同时，由于青藏高原隆起，从西北吹向东南的冬季风更偏向东吹，与西风急流一起，把地面刮到高空的粉尘及细粒顺风输送到东部地区，铺天盖地洒下来，从而形成了我国大约40万平方千米面积巨大、土粒物理化学性质却又十分一致的黄土高原。

　　黄土高原横穿6个纬度，纵跨13个经度的广袤地域，布满无穷无尽连绵起伏的黄土崩梁，呈现其苍茫浩瀚的壮观景象。雄浑的黄土高原数以万计的支流小溪及其无穷无尽的甘流泉涌孕育了中华之魂黄河的生命。万里黄河宛如金色巨龙，横穿整个黄土高原，又用她无尽的乳汁哺育滋润了华夏民族源远流长的辉煌历史和近代中华民族的繁荣振兴，黄土高原成为中华民族得以繁衍生存的摇篮。可以说，中华民族的兴盛源于黄土高原这方皇天后土，在此衍生了5000年中华民族的古代东方文明，造就了名震全世界的黄河流域灿烂文化，成为了5000年华夏文明乃至人类古文明的发祥地。

　　王之涣《凉州词》云："黄河远上白云间，一片孤城万仞山。"然而，在《唐诗纪事》中指出，这一句应为"黄沙直上白云间"。此句可能是后来传抄者的错抄。先是把"沙"错抄成"河"，成了"黄河直上白云间"，于是不通了，便将"直上"改成了"远上"。"黄沙直上白云间"说的是，风卷黄沙直上蓝天，天地间不见一丝绿色。这是诗人对玉门地区自然风貌的真实写照。由此便不难理解，如果没有"黄沙直上白云间"，哪会有沙尘暴现象呢！又哪会有黄土高原呢！

两三百万年以来，亚洲的这片地区从西北向东南搬运沙土的过程从来没有停止过，沙土大量下落的地区正好是黄土高原所在的地区，连五台山、太行山等华北许多山的顶上都有黄土堆积。

值得一提的是，在至少240万年的历史中，黄土高原经历过多次快速的"变脸"，即经过草原、森林草原、针叶林以及荒漠化草原和荒漠等多次转换。也就是说，黄土高原在最初的时候并不姓"黄"，黄土高原，从"峰峦叠翠，万树森蔚"到"千沟万壑，光山秃岭"，在黄土高原由河流切割而成的沟壁上出露了不同颜色的层层黄土，可以说，它书写出了一部史前到近代嬗变的自然生态演变史。

鉴于沙尘暴对黄土高原形成的作用，中科院刘东生院士认为，黄土高原应该说是沙尘暴的一个实验室，这个实验室积累了过去几百万年以来沙尘暴的记录。

沙尘暴沙源的潜在经济效应

作为沙尘暴沙源的沙漠，长期以来被人们看做是贫瘠的荒地，如今它正在以其特有的生物多样性、潜在的经济价值和丰富的文化内涵展现在人们面前。

另眼六看：拉动产业经济发展

如今，人们越来越认识到，沙漠使创造新经济和提供新生计成为了可能。比如，在沙漠发展水产业和利用适于干旱地区生存的动植物，开发新型药物、草药和工业品已经成为人们日益增长的兴趣所在。而沙漠蕴藏的巨大太阳能，如果被合理有效地用于产生动力，那么对减少使用

化石燃料将是一个极大的贡献。

再说，构成沙漠的沙子，它的主要元素是硅，是玻璃工业和硅电子工业的主要原料，沙子更是建筑业不可缺少的。大自然鬼斧神工，天赐恩惠，就沙尘暴而言，可谓是"愚公移沙"，从而大大降低长途运输沙子的成本。一位出租车司机师傅说过，提起沙子生意就特别好，一天都不会空车，要是每天都有沙尘暴，汽油涨价咱也不怕了。

另眼七看：促进旅游事业发展

以沙漠自然景观发展起来并渐渐繁荣的旅游业已经并将继续给这些贫穷的荒漠地区带来美好的前景和希望。我国西北地区的大漠戈壁正在"变身"为具有魅力的旅游热线，西北各省区相继打出"中国沙漠旅游基地"、"中国沙漠旅游城市"的品牌战略，把沙漠旅游变成自己的拳头产品，充分整合区域旅游产业要素，实现沙漠旅游形态由单一观光旅游向观光休闲度假、影视、探险等综合旅游

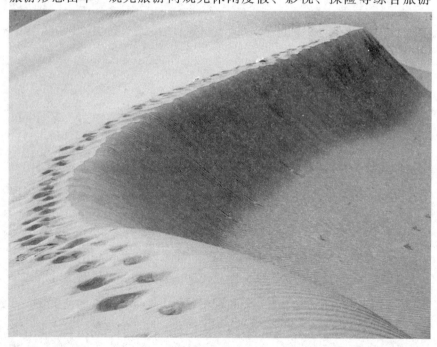

银肯响沙湾

的转变。如今，从腾格里沙漠边缘的宁夏中卫沙坡头，到毛乌素沙地边缘的银川沙湖；从甘肃的敦煌，到与之相连的巴丹吉林沙漠，游人已经络绎不绝。

比如，"响沙"是沙漠的一种奇异现象，也是一种珍稀、罕见、宝贵的自然旅游资源。我国目前发现的响沙有3处，除内蒙古鄂尔多斯高原上的库布其沙漠里的银肯响沙外，还有宁夏中卫沙坡头响沙和甘肃敦煌响沙。这些地方的沙子，只要受到外界撞击，或脚踏、或以物碰击，都会发出雄浑而奇妙的"空"、"空"声。人走声起，人止声停。因此，人们风趣地将响沙称作"会唱歌的沙子"。沙响妙音，春如松涛轰鸣，夏似虫鸣蛙叫，秋比马嘶猿啼，在冬日则似雷鸣划破长空，神秘的沙歌现象吸引着中外游客纷至沓来。

响沙是沙丘处在特殊地理环境下出现的一种自然现象，也引起了科学工作者的极大兴趣。关于"响沙湾"这一自然现象的奥秘，科学家们从不同角度提出了种种解释：有人认为，沙丘表层的沙子中含有大量石英，外力推动沙层时，石英沙相互摩擦生电，沙响声就是放电声。有人认为，响沙湾是月牙状，响沙声是这一地形造成沙子滑动时的回音。也有人认为，沙丘下的水分蒸发形成一道肉眼看不见的蒸汽墙，而在沙丘的脊线上，强烈的光照又形成一道热气层，蒸汽墙与热气层正好组成一个"共鸣箱"，沙层被搅动，或风吹时就会发出声响。另外，有人解释是，响沙湾的山坡基岩是白垩纪砂岩，裂隙很多，下层水汽被湿沙层封闭，当人下滑时，饱含空气的沙层下部遭受挤压，被封闭的气体迅猛释放，发出响声，发声之后，空气再度饱和，待后边的人下滑时，又会发出同样的声响，周而复始，响声不断。还有人提出与"气体释放"恰恰相反的说法，认为人从沙丘之巅下滑时，人体重力推动了湿沙层，湿沙层下滑时形成裂隙，干沙和气体往裂隙中填充时发出嗡嗡声。

总之，沙尘暴作为地球上一种自然现象，它并不是孤立存在的，它和其他许多自然现象有着密切的联系，这些自然现象，也并非对人类都

是不利的。从这种联系来说，如果我们消灭了（实际上至少目前不可能）世界上的沙尘暴及其源头沙漠干旱地区，那么也就消灭了地球上的一种自然生态，灭绝了适应干旱气候的物种，并由此会引发一系列的生态问题。当然，这是从极端角度来说的。实际上，如上面所列举的，要求我们在正视沙尘暴危害的同时，必须另眼认识它。

（原载《气象知识》2008 年第 5 期）

雷电

风雨雷电与控制爆破

◎ 高欣宝　金　文

随着我国经济建设的高速发展，原有的厂矿和城市设施已远远不能满足经济发展的需要，需要进行大规模的城市改建，并对原有旧建筑物进行拆除。如按以往的人工拆除，则需花费大量的人力、物力，并且需花大量的时间，在当今"时间就是金钱，效率就是生命"的时代，提高效率、节省时间无疑是工程建设者们的最大心愿和行动准则。随着科学技术的发展，一种新的拆除技术——控制爆破，这项过去仅限于军事破坏的爆破，现在已被引入到城市建设中来。

建筑物的拆除爆破，主要是依据失稳原理，利用炸药爆炸破坏建筑物承重构件，使其失去承载能力，从而迫使建筑物整体失去平衡，并在建筑物自身重力的作用下，定向倒塌或者原地坍塌，达到拆除的目的。也可谓"四两拨千斤"，关键在一个用力的"巧"字。

大多数需拆除的建筑物往往处于人口稠密、建筑物密集、水电管线纵横交错的地方。为了不损坏周围建筑物与管线，拆除爆破设计的首要任务是根据作业环境，场地大小以及结构类型等，正确地选择爆破拆除方案和失稳所必要的破坏高度和宽度。

然而，在利用控制爆破技术中，必须认真考虑和利用相关的气象因素，采取必要的防护措施，才能最大限度地减少因爆破而产生的负效应。

那么在控制爆破中应考虑哪些气象因素呢？

· 80 ·

雷电 在控制爆破作业过程中，会用到大量的雷管和炸药，其中大部分是电雷管。这种雷管是以电力引爆的，它的结构特点决定了它对感应电流的敏感性。我国大部分地区夏季多雷雨天气，特别是南方。由于雷电发生时会产生强大的电磁场，同时也会使电雷管内部产生感应电流；因此，必须加强对电雷管的管理，使其免遭雷电的侵害。储存雷管的库房应设置避雷针，其高度和保护范围必须经过严格计算。另外，炸药要与雷管分开存放。相对而言，雷管的灵敏度要比炸药高。但雷管爆炸会使炸药殉爆；炸药殉爆后产生的危害将是巨大的。因此，要将两者分开存放，以免雷管因雷电的影响而被诱爆，造成炸药殉爆产生更大的危害。

湿度 爆破用的炸药类型较多，在制控爆破中，往往要根据不同的爆破要求选用不同的炸药。这些炸药都有一定的吸湿性，特别是硝铵炸药，其吸湿能力极强，吸湿后会结块而造成起爆困难、爆炸性能降低甚至拒爆。

起爆器材有雷管、导火索、导爆索和导爆管等。雷管又分为火雷管和电雷管。这些起爆器材也都有着不同的吸湿性，特别是火雷管和导火索，其内部装药主要是黑药，而黑药中的主要成分木炭和硝酸钾又都有着特别强的吸湿特性。如果吸湿受潮，火雷管和导火索就会失去传火和导爆能力。

所以，上述物品在运输过程中要严防被雨雪浸湿。储存上述物品的库房在选址和防潮措施上应严格遵守有关规定。仓库不得设置在有山洪、滑坡和地下水位较高的地方，尽量选择周围环境干燥且远离城镇居民区和重要设施的地方。

在爆破过程中，装药爆炸产生的爆生气体和建筑物解体冲击作用，引起被拆物上空大面积灰尘飘散。这一现象称为爆破灰尘。爆破灰尘往往会对周围环境和空气造成大面积污染。

到目前为止，尚无十分有效的方法用来控制爆破灰尘的飞散污染。充分利用气象因素来控制灰尘的飞散不失为一种有效的方法。在确知起爆器材和炸药具有较好的防潮性能和较好的防湿措施前提下，可以在雨雪天气进行爆破，这样可以有效地消除灰尘飞散所造成的污染。

风　爆破噪声是爆破瞬间而产生的一种刺耳的声音，它是冲击波引起气流急剧变化的结果。虽然爆破噪声持续时间很短，但爆破噪声往往很大。当噪声峰值达90分贝以上时，就会严重影响人们的正常生活和工作，甚至会对人员造成伤害，而爆破噪声往往超过这一数值。

在制控爆破中，爆破噪声是不可避免的，但可以利用风对声波传播的影响，来控制噪声的传播方向、速度和距离。为了有效地控制爆破噪声的传播方向和速度，要综合分析被拆除建筑物周围的情况。在风是由居民住宅区方向吹来的瞬时起爆，尽量减少噪声对居民区的影响。

要做到这一点，就必须充分掌握当时当地的气象状况，并利用相关气象仪器进行准确测量。

另外，爆破灰尘的扩散污染也与空气中风的方向和速度有关。一般来讲，风速大于5米/秒，就可将直径大于100微米以上的灰尘吹带到下风方250米以外；风速9米/秒时灰尘可被带到下风方向800米以外。

为了尽可能减少灰尘飞散污染，在风为6级（平均风速为12米/秒）以上时应停止爆破。另外，起爆时，也应注意风向，尽可能避免灰尘被吹散到一些重要的区域。

风除了对噪声、灰尘有影响外，还对被拆建筑物倒塌方向有一定的影响。

在设计爆破方案时，一定要考虑风的影响。风在静止的物体表面会产生一定的动压，压力的大小与风速及受风面积的大小有关。

在爆破拆除高耸建筑物时，如烟囱、水塔等，更要特别注意风速的影响，起爆瞬间，建筑物失稳，如在此时受到与设计倒塌方向有一定夹

角的风的影响，很有可能会使建筑物产生扭转而偏离原定的倒塌方向，从而产生不可估量的危害。原则上风力大于 6 级时，应暂停爆破。

总之，气象条件是不断变化的，但也是可以被利用的。在控制爆破中考虑和利用相关的气象因素，尽可能减少爆破负效应的危害，使这一新技术更好地应用于我国当前的经济建设中去。

（原载《气象知识》1996 年第 2 期）

雨雪雷电何足惧　新型服装可防护

◎ 张建鑫

> 桂布白似雪，吴绵软如云，
> 布重绵且厚，为裘有余温。
> 朝拥坐至暮，夜覆眠达晨，
> 谁知寒冬月，支体暖如春。

　　以上是白居易的诗作《新制布裘》，描写他选料制衣的效果，衣着主要是为了适应气候变化保护身体的。衣服也是人类文明进步的产物。随着社会的进步，人类的衣着由原始社会的树叶遮身，兽皮护体，逐步发展为以丝、麻、棉、毛等动植物纤维织布制衣，直到人造化纤的问世，衣料和服装式样都经历了巨大的变化。在衣着适应气候变化方面，一般是通过选择衣料和增减着装数量来实现的。如冬穿棉、毛，夏着丝、麻服装，热减衣，冷加衣，为了保护身体避免招致疾病，总得不厌其烦地时时小心。但随着科学的发展，各种智能织物或多功能织物的问世，则有可能改变这种烦琐的状况。现辑录一鳞半爪，以飨读者。

　　冷热可调服　调温的方式很多。美国科罗拉多州博尔德的盖特维技术公司研制的智能衣服，既能驱寒又能散热，随人的体温变化而变化，是用一种变相的轻质纤维制成的。其变相的温度在 32～38℃ 之间，变相时会吸收或保持人体释放的热，保温性能随着环境温度的变化而变化。当身着该服装的人活动量小，外界气温低时，能起保温作用；当人的活动量大或外界气温高时能起降温作用。另外有一种衣料可随温度的高低改变衣料的密度，从而改变衣服的通风保暖导热性能，使衣服具有明显的冷热调节功能，减少因气候变化而要增减衣服的麻烦。还有一种是利用衣料变厚变薄来调温。这种衣料是用一种含有溶剂和气体的空芯管状纤维织成，当气温降低时，溶剂遇冷凝固，体积增大，纤维随之膨胀，衣服自动变厚。此外，巴西还制成一种空调服，是在服装内配有小型空调系统，温度变化可以调节。

透气服 通常衣服能够保温但透气性不好，湿度过大，人穿了不舒服。为了克服这个缺点，日本研制了一种能改变透气性能的冬暖夏凉服。这种服装在衣料的里面涂上一层聚合物，当温度升高时，该聚合物分子之间的空隙打开，使汗能蒸发出去；当温度降低到一定的程度时，分子空隙关闭，保持热量和一定湿度，具有类似皮肤的功能。

发光服 目前有两种类型。一种是服装表面光亮似镜，能发出强光。作为登山服或救生服，即使在黑暗或月光下，也易被人发现。另外一种是服装面料能吸收储存日光和灯光，如将这种吸收过光的衣服放在暗处，可缓慢地释放不同颜色的光，适于在暗处或夜间工作。

反光服 用羊皮或特制织物制成，织物上有很多玻璃小珠，每平方米数量约 6000 万个。而这种织物又固定在金属膜及反射器上，在夜间，能将 300 米以外射来的光反射出去。摩托车驾驶员若穿了这种服装，能将其外形显现出来，使对方容易发现目标，增加夜间行驶的安全性。

换热衣 日本研制的这种衣服，能将可见光转变成热量。衣服面料

是三层结构的合成织物，中间一层是碘化锆，能吸收可见光，并将其转化成红外线辐射出来，将光变成热，因此，在冬天或寒冷干燥少雨之地，穿这种衣服感觉温暖。

防电服　据说高压电工检修时，穿此种衣服可触摸 3 万伏电压的物体。因这种衣服能使人在触摸带电物体之前，衣服周围已架起了离子桥，使带电物体的电荷沿着离子桥转移，使高压检修电工能安全操作。

晴雨两用服　这种服装是用膨胀性衣料制成，晴天时像普通衣服一样透气，下雨时衣服沾水，纤维膨胀增粗，把纤维的间隙胀满，加上水表面的张力，雨水透不进去。

防火服　这种服装是捷克人研制的。在磷酸盐和明矾溶液中浸过的衣料，表面附上一层氢氧化铝的薄层，由于该物质遇热能分解成熔点极高的氧化铝和水，具有防火的性能。

变色服　目前知道的有三种。第一种是美国研制的，利用光而引起变色。这种衣服能吸收当时环境的光波，使之出现与环境类似的颜色。穿着这种衣服在草地行走呈绿色，在沙漠中呈黄色，真可谓"近朱者赤，近墨者黑"，与环境同一色彩，便于隐蔽。第二种是由气味引起变色的。主要是用合成纤维浸入特殊药品中，并采用树脂加工方法制成。它遇到不同气味会自动改变颜色。第三种是利用温度改变颜色。主要是用液晶做衣服，不同温度显示不同颜色，如 28～30℃ 的范围由红变蓝。由于人体表面各部位温度不同，会产生不同颜色。并随着气温的变化而变化，色彩斑斓。

另外，还有防污服、杀菌服、磁疗服、可食服、按摩服、防弹服等等。总之，大千世界五彩缤纷，"奇装异服"层出不穷，随着这些功能各异服装的出现，人类着装可能会出现大的变革，对不利气候的防御能力将大大增强，冰海敢闯，"火山"敢上，雨雪雷电不足惧，新型服装可防护。再不必因四季的更迭而准备不同的服装，出门远游也可以轻装从简了。四季皆一服，晴雨一套衣的时代将为时不远，那时人们的工作效率也必将大大提高！

（原载《气象知识》1996 年第 6 期）

天公抖擞震四方

◎ 孙安健

在我国，雷暴是一种分布范围极广的天气现象，它是积雨云强烈发展时伴随而生的。

江南水乡春雷闹

在人们的印象中，天气闷热的时候才会出现雷雨天气。为什么在天寒地冻的严冬和寒气未消的早春也会出现雷暴天气呢？冬春季节，冷空气在南下过程中，势力逐渐衰减，受南岭的阻挡，冷空气常滞留在南岭之北的江南地区，与暖空气频频交绥时可形成雷暴天气。正因为如此，江南水乡冬春季节的雷暴，比华南还多，为全国之冠。冬天因南方暖空气势力弱，江南虽有冬雷，但冬天只有 2 ~ 3 天可听到雷声。可是一到春天，暖空气的活动变得活跃，冷暖空气相互交锋频繁，势均力敌。天气乍寒乍暖，阴晴不定，致使江南春雷特别多。3 月份湖南、江西各地大都有 6 ~ 8 天雷暴天气，4 月份增多到 9 ~ 11 天，可见多春雷是江南天气的一个特色。

回归线上雷声急

　　华南和滇南地区处于北回归线附近。常年太阳辐射很强，气候冬暖夏热，长夏无冬。尤其在夏至前后，太阳直射地面，地表面增温很快，午后最高气温出现时段，低层大气被地表面烘热得很厉害，空气层结变得头重脚轻，很不稳定，形成强烈的对流天气，产生热雷暴。因此，华南和滇南地区从5月至8月的炎夏季节里，雷声大作，各月雷暴日数均在15天以上，平均来说，隔日有雷，有时甚至接连数日天天听到雷声。这些地区年雷暴日数一般在80天以上，雷州半岛可达100多天，海南岛甚至超过120天。全国雷暴最多的地方是云南勐腊，平均年雷暴日数为128.3天，最多年份曾达148天。

世界屋脊响惊雷

青藏高原平均海拔高度在 4000 ~ 5000 米，由于地势高，气温低，高山顶上终年白雪皑皑，冰川遍布，因此，常被比喻为"第三极地"。可是，就在这高寒地带，每逢夏季却是惊雷四起，频繁多见，不少地方年雷暴日数可达 90 天左右，比同纬度的我国东部地区多 1 ~ 4 倍，是北半球同纬度地带雷暴日数最多的地区。说到这里，人们不禁要问，为什么青藏高原夏季雷暴如此之多呢？夏季，青藏高原上太阳辐射强烈，日照充足，近地面气温虽因地势高大都在 10℃ 以下，但与四周的自由大气相比，温度却高得多，成为一个巨大的热源。此时西南季风又提供了大量的水汽，加之近地面有强烈的低空辐合气流，于是，对流活动很强，积云常见，不少积云还可以发展成积雨云。据研究，只有当积雨云顶部温度升高到 -20℃ 的高度时，才会发生第一次雷电现象。其后，随着积雨云的发展，雷电就越来越频繁。青藏高原近地面气温远低于同纬度的我国东部地区，这就使高原上积雨云顶的温度较同纬度东部地区更容易达到 -20℃ 以下，雷暴也就较易产生。

高原上不仅多雷暴，而且在一个雷暴日内，雷暴出现次数频繁。据统计，一般一个雷暴日内可出现 4 ~ 5 个雷暴，多的可达 9 个以上。但每个雷暴的维持时间很短，大多在半个小时以内。

寂静海岛夜雷多

我国近海有许多面积不大的海岛，四周为海水所环绕。由于海水的比热容较陆地大得多，翻腾的海浪又可把表层海水吸收的太阳热量向深层传输，所以在夏季，海岛受海水的调节，升温缓慢，最高气温出现的时间较大陆往后推迟，温度比邻近陆地低很多，因而气层较陆地稳定，雷暴天气不如邻近陆地多。例如，全年皆夏的西沙群岛，全年雷暴日数只有 35 天，仅为北回归线陆地上年雷暴日数的三分之一左右。更加特别的是，陆地上的雷暴主要发生在午后 13—18 时，而海岛上的雷暴不少是出现在夜间和清晨。这是因为海岛白天升温较慢，对流发展不强，难以形成浓厚的云层和产生雷暴天气；而到夜间，却因云顶辐射冷却，顶层降温很快，云层内的不稳定性加大，对流活动加强，这就是夜间或清晨容易出现雷暴天气的缘故。

山地雷暴胜平原

山地的地形复杂，由于坡向和坡度的不同，以及山顶与山后等各种因素的影响，它们之间的热力状况差异很大，容易产生空气对流，致使山地的积雨云远较平原地区多。同时山峦起伏，空气运动呈现一种非常无规则的乱流运动，并能影响到相当高的高度，产生雷暴天气。此外，不稳定的暖湿气流进入山区，受地形的动力抬升作用也容易形成雷暴天气，因此，在山间盆地，与山脉毗连的平原地区以及山麓的迎风坡等地

区，雷暴天气要比广大平原地带多一些，尤其是干燥气候区域，山地和平原之间的差异十分悬殊。例如，新疆天山山地雷暴日数达 50～60 天，可是塔里木盆地和准噶尔盆地还不足 5 天。

至于孤立山峰，一则海拔高，温度较低，二则受热面积小，且与周围大气不断地交换热量，致使峰顶盛夏季节凉爽宜人。雷暴活动反不及山麓平原地区。例如，泰山年雷暴日数为 32 天，而泰安却有 38 天。

（原载《气象知识》1982 年第 2 期）

从黄岛雷击火灾谈起

◎ 许以平

　　青岛市黄岛油库 1989 年"8·12"大火是新中国历史上少有的一起重大火灾。这次火灾是由雷击引起的。自 8 月 12 日 9 时 55 分起至 16 日 18 时全部扑灭为止，燃烧历时 104 小时，死亡 19 人，受伤 65 人，烧毁消防车与指挥车 14 辆，4 万余立方米原油尽焚于火，火焰高达 300 米，过火面积 13.4 公顷，直接经济损失 3510 万元。

黄岛雷击事件值得深思

　　事故出现后，专家们进行了调查研究，发现油罐附近安装的避雷针接地良好，那又为什么会产生雷击火灾呢？

　　雷击引起火灾有 6 种形式：一是直接雷击；二是球状闪电雷击；三是雷电直接燃爆油气；四是空中雷雨云放电引起感应电压产生火花；五是绕击雷直击；六是罐区周围对地雷感应电压产生火花。

　　专家们根据种种迹象分析后确认：前四种雷击形式可以排除，第五种雷击形式可能性极小（绕击率为 0.4% ~ 1%），极大可能是由于第六种雷击形式引爆油气。

　　笔者沿着这条线索，查阅了前几年全国雷击火灾的实例，并对一些重大雷击火灾进行了分析，发现尽管雷击火灾在众多起火原因中属"小概率"事件，然而其危害程度不容忽视。

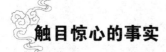

触目惊心的事实

笔者首先统计了 1983 年至 1985 年 3 年间全国 11 次（损失超过 10 万元的）重大雷击火灾。这 11 次雷击火灾的总损失高达 1382 万元，平均每次雷击火灾损失竟达 120 万元！这 11 次重大雷击火灾多发生在 4—9 月，尤其集中在 7—9 月的雷雨季节；从时间上来看，集中发生在傍晚到后半夜，正当职工下班和夜间休息时；从雷击目标上来看，集中在仓库（纺织原料仓库、外贸仓库、化工原料仓库等）和机械车间。

下面，我们剖析一下几种主要雷击火灾的情况。

直接雷击火灾 当空中带有某种电荷的雷雨云很低，而周围又没有异性电荷的雷雨云时，这种低雷雨就使地面上突出物体感应出异性电荷，造成雷雨云与地面突出物之间的直接放电。这种直接在建筑物上或其他物件上的雷击称为直接雷击。其破坏作用一是它的热效应，引起物质燃烧；二是它的机械效应，能摧毁建筑物或其他物件；它还能引起高电压冲击波，使电气设备的绝缘被击穿，还会造成人员触电伤亡事故。这是最常见的雷击火灾。1987 年 5 月 31 日，湖北省境内武当山金顶遭雷击，6 名道士受重伤，1500 米电话线被烧毁，便是典型的直接雷击引起的。

感应雷击火灾 这种火灾是由于雷雨云的静电感应或放电时的电磁感应作用，使地面上的金属物件感应出与雷雨云电荷相反的电荷，造成放电，因而称为感应雷击。这种雷击对建筑物不起直接破坏作用，但对易燃、易爆物品聚集的场所有引起燃烧爆炸的危险。这种雷击火灾不易被人们"识破"，故更应引起重视。

1985 年 7 月 13 日 12 时许，河北丰宁县城遭雷击。到下午 3 时 40

分，县百货仓库的瓦屋顶上突然冒烟起火。一场大火烧掉了 50 万元国家财产。经过当地消防部门的实地勘察，是感应雷击火灾。

这座仓库长 61 米，宽 10.2 米，屋顶高 7.3 米。建筑并不算高，但是周围的建筑物最高不超过 6.5 米。仓库里存放的货物 80% 是布匹。在出事的前一天下午，库内刚搬进一批化纤布。在搬动的过程中，化纤布因摩擦而产生了静电荷。地面上为 12 厘米厚的木板，因而静电荷不易逸散。工人在库内东西山墙之间，平行地拉了两道八号铁丝，横向也拉了几道铁丝，把商品的牌子挂在铁丝上。当中午发生雷击的时候，铁丝上便感应出静电荷，其电压可达几十万伏，能击穿几十厘米厚的空气而放电。化纤布上原来就有静电荷积聚，当金属物上的异性电荷和化纤布上的静电荷接近时，便放电产生电火花。另一方面，平行的铁丝在雷击时，也有电磁感应，在闭合回路中有大电流通过，也会产生电火花。现场勘察发现，在铁丝上有许多"麻点"，这便是雷击的证明。

1985 年 7 月 26 日上海造纸工业公司北察仓库也发生过一次类似的大火灾，烧毁了 5600 余吨各种造纸原料。上海消防处调集了 44 辆消防车才把大火扑灭。直接经济损失高达 74 万元。

当晚 7 时 15 分左右，一个落地雷正好打在该仓库上。这些造纸原料都是旧棉絮、废纸、纸浆等可燃物品，燃点最高的也不过 200℃ 左右，用来捆扎这些原料的都是铁丝或铁皮，一旦受到雷击会感应到很大的电流而又无法导出。结头处因电阻较大会产生电火花，铁丝铁皮上也会因大电流通过产生高温，使燃点不高的原料起火。

球状雷击火灾 这是一种特殊的闪电雷击引起的火灾。平时不多见，一旦发生，后果相当严重。1983 年 9 月 10 日，上海嘉定桃浦二库发生的一次大火，把正待出口的大量麻袋、山芋干等物品烧尽，保险公司赔偿 750 万元，这就是球状闪电雷击引起的火灾。原来 10 日凌晨，乌云滚滚，电光闪闪，雷声隆隆，风狂雨猛。一道蓝色的闪光划破长

空，霹雳声中，一个火球从闪电中滚下，正好击中嘉定桃浦二库东面六条堆垛的中间。火球在堆垛间隙中滚动，不久就燃起熊熊大火。这种"火球"非同一般一闪即逝的闪电，它能延续一段时间，尽管当时大雨倾盆，大火仍然越烧越旺。

球状闪电为什么有这么大的破坏力？据分析，小火球的能量约为 4×10^7 焦耳，其温度可高达几千甚至上万摄氏度，就是下着倾盆大雨，雨水碰到它也顿时化作水汽。

除了上述三种雷击火灾形式外，有时室外架空线路或金属管遭受直接雷击或雷电感应，产生高电压冲击波，也会侵入室内引起易燃易爆物品的燃烧或爆炸，称为雷电波侵入。这种情况多发生在化工厂。

必须记取教训安好避雷针

上述多次火灾中存在一个普遍的现象，即许多单位如仓库、工厂等均未安装避雷设施，或者避雷设施失效后无人过问，以致发生了火灾。上海桃浦二库、上海造纸工业公司北蔡仓库、河北丰宁县百货仓库等雷击火灾均是未装避雷针之故。

值得深思的是，有些单位有"前车之鉴"，仍未引起重视。例如上海嘉定桃浦二库 1983 年 9 月 10 日遭雷击引起大火后，为避免重蹈覆辙，川沙县公安局于 9 月 29 日对北蔡仓库进行了检查，发出了整改意见书。但是，两年过去了，北蔡仓库的避雷设施仍处在公文旅行之中。直至 1985 年 7 月 26 日大火之后，人们才从挂在物料间墙上的夹子中，找到了避雷设施请购单。

安装避雷针已是老生常谈，周总理早有指示。1957 年夏天，北京地区雷雨较多。天安门西侧的中山公园音乐堂和明十三陵中最高大的一座陵墓殿堂——长陵棱恩殿相继遭受雷击。事故当天，周总理就知道了这件事，立即指示当时担任北京市长的彭真同志，凡是高大建筑和有文物价值的古代建筑，都必须安装避雷针。大约用了一个多月的时间，北京故宫等处都安装了避雷针。对新建高楼市里决定：凡是五层以上或性质重要、人员聚集的场所都必须安装避雷针。

北京地区是多雷雨的地区，自从 1957 年各处安装避雷针以后，就改变了历来雷击事故很多的现象。近三十年来，凡是安装了避雷针的建筑物，再也没有发生过因雷击毁坏的事故。

正确安装和维护避雷针

安装避雷针的建筑物是否就一定不会遭受雷击呢？也不一定，还要看具体情况。

有些高大建筑物虽安装了避雷针，但可能因接地线已断等其他原因而"有形无实"了。例如 1987 年 5 月 31 日武当山金顶遭雷击，就是因为金顶上的避雷针接地导线在建设施工时被折断，事后又没有发觉，未及时检查和修复。因此，避雷针就不可能起到引雷入地的作用。

又如，1985 年上海市龙华寺遭受雷击，弥勒殿的屋顶被削去一角。龙华寺是装了避雷针的，且又未受损，为什么还会遭雷击？据分析，原来是弥勒殿不在避雷针有效保护区之内。避雷针根据它的高度，只能使一定范围内的物体免遭雷击。以单支避雷针为例，它的保护角是 45°，地面保护半径为针高的 1.5 倍。避雷针的截面积过小，或因锈蚀严重，在避雷针、引下线与接地装置间的接触不良，均会造成电阻值增大，不仅达不到防雷效果，反而会引雷遭击。

另外，由于引下线与建筑物内的供电线路距离太近，雷击时在它们

之间也会放电，这叫做"反击"现象。"反击"时也会产生高温、电弧，也能引起燃烧。

为了使避雷针真正起到防雷作用，在设计制造时，一定要符合有关规定，平时还要加强维护保养。避雷针宜用镀锌圆钢或钢管，圆钢的直径应不小于12毫米，钢管的内径不宜小于20毫米；引下线要用镀锌圆钢或扁钢，截面积不小于50毫米^2；接地装置也要用圆钢、钢管、角钢等，并应具有一定的截面积，垂直接地体的长度一般为2.5米，埋地深度不小于0.5米。各连接点接触都要良好，这样才能减少电阻值。避雷装置与建筑物内的电线要保持一定的距离。避雷针装好后还要经常保养，每年雷雨季节到来之前要认真检查，特别是要测试冲击电阻，如电阻过大，就要找出故障，加以维修；如果电阻无穷大，说明线路中有断开的地方，更要认真查找，及时修好；如锈蚀超过截面30%时应予更换。

安装避雷针一定要准确计算它的保护范围，特别要注意建筑物的顶部（包括屋檐四角）是否在保护范围之内。如果不在保护范围内，要增加避雷针的高度，或者增加避雷针的支数。只要按照规定安装避雷针，并经常使它处于良好状态，一般就能免受雷击。

（原载《气象知识》1991年第5期）

武当山的"雷火炼金殿"

◎ 戈忠恕

　　我国著名旅游胜地之一的湖北省均县武当山，是我国的道教名山和武当派拳术的发源地。这里山高林密，层峦叠嶂，云雾缭绕，道教建筑遍及全山，规模宏伟。其中在武当山的最高峰——海拔 1600 多米的天柱峰顶端，建有一座全用铜铸鎏金仿木构件建造的"真武金殿"，是我国古代建筑和铸造艺术中的一颗明珠，可说是举世无双的国宝之一。由于它所处的地势较高，每逢雷雨季节，时常雷声隆隆，火光冲天，好似金殿将天地接通，强大的雷电电流从金殿上冒起耀眼的金光，数十里外都可见到雷击金殿的奇景。数百年来，人们把雷击金殿叫做"雷火炼金殿"，是武当奇观之一。

真武金殿

真武金殿，建成于明永乐十四年（公元1416年），是一座四坡重檐式的殿宇。它不用一钉一木，全用铜铸鎏金构件安装组接而成。殿高5.5米，宽5.8米，进深4.2米。金殿的瓦棱、飞甍、斗拱、屋檐、门窗、隔扇、梁柱等构件，工整对称，上面的阴阳纹、几何图纹等，明晰剔透，圆润光滑，从上到下，金光闪闪，浑然一体。

金殿重檐瓦脊上，分立着68个铜兽，个个玲珑精巧，古色古香，生趣盎然。特别是在金殿的左侧后面的铜柱上，巧妙地镶嵌着一块重半千克的金砖。560多年来，虽经无数游人、香客抚摸，依旧辉煌夺目。古今的盗宝之徒，曾试图挖窃，但除在铜柱上留下几道刀斧痕迹外，别无损伤。

推开金殿的千斤铜门，殿内的陈设金光闪烁，琳琅满目。雕梁、画栋、藻井全为鎏金雕琢。宝座、香案、烛台、磬、钵及座下龟蛇等，也是铜质金饰。宝座上，真武大帝披发跣足的铜铸鎏金塑像，重达5000千克；殿外台基四周，设有三层栏杆。内层为铸铜，中层为白玉，外层为青石扶栏。台基的四角立有古铜鼎和铜钟。台基下，东、西、北三面均临斧劈刀削般的千丈悬崖，只有南面是一条人工开凿的300级磴道。

金殿经历了560多年的严寒酷暑，风吹雨打，特别是雷轰电击，至今仍完好无损，固若金汤。似乎每经一次雷轰电击，就好似回炉冶炼一次一般，可以说是一个奇迹。人们在游览这一名胜古迹时，不免为这一古建筑数百年未遭雷毁而惊叹不已。

为什么雷电难毁真武金殿呢？原来，因为真武金殿为纯金属建筑物，本身就是一个绝妙的防雷装置。当金殿重檐瓦脊上的铜兽接受雷电后，电流便通过金属的飞棱、屋檐、沿柱、角梁、角柱等引入地下，在这里，飞棱、屋檐、沿柱、角梁、角柱等充当了雷电引下线。此外金殿坐北面南，可享受阳光的照射，又因高居峰顶，不断有清新爽快的气流流过，可使建筑物免受潮气的侵袭，空气保持清凉干燥。另外这里山高林密，层峦叠嶂，也是防雷佳境。据研究，环山形地带 90% 以上的雷击均可被大山、树木等自然消除。总之，真武金殿是我国古代人民巧妙地将建筑、环境与生态结合在一起，创造的一个世界杰出的避雷奇迹。

（原载《气象知识》1994 年第 4 期）

雷灾村：鲜为人知的整体搬迁

◎ 姜永育

　　一个彝族村寨频频遭受雷电袭击，连续两年人死畜亡；气象防雷专家 3 次深入村寨调查，揭开雷灾频发真相；政府依据专家建议科学决策，作出村民整体搬迁决定。这到底是为了什么呢？

　　据了解，自 2004 年 6 月 18 日四川省石棉县政府作出裕隆村五组集体搬迁的决定以来，这个彝族村寨全组 29 户村民目前已搬走 6 户，像罗明贵一样准备搬迁的村民有 14 户，剩下的人家，政府和有关部门也在积极奔走，四处为其寻觅落脚点。

　　被迫离开世世代代居住的村寨，一切都源于一个令人谈虎色变的恶魔——雷电。

沈家山上雷灾不断

　　裕隆村五组位于大渡河畔的高山上，当地人称此山为沈家山。全组 158 人散居在海拔 1500～2000 米的山脊上。

　　2003 年 4 月 26 日下午 5 时，沈家山上空黑云翻滚，电光响雷十分惊人。36 岁的彝族汉子沈杰民和妻子沙秀英正在盖猪圈，看到雷打得很凶，沙秀英很害怕。"赶紧回家吧。"她停下手中的活，把沈杰民拉到了屋内。

家中堂屋的火塘边，沙秀英边剁猪食边跟沈杰民说话。突然一声巨大的霹雳震得房屋颤抖，泥沙四掉，随即一团火球扑进屋内，堂屋的立柱当即被打裂，在火塘边抽烟的沈杰民一声未哼，当场便倒在了地上。"沈杰民！沈杰民！"被吓呆的沙秀英过了好久才想起去拉丈夫，然而沈杰民早已停止了呼吸。火塘另一侧，11 岁的大女儿头发被烧焦，两眼紧闭昏迷在地。另一间屋内，75 岁的沈母也被雷电击昏倒地，人事不省。"快来人啊！快来救救我们！"沙秀英搂住其余三个年幼的孩子，母子四人紧紧抱住一团，浑身战栗。同一时间，距沈家不远的一户村民家两头猪也被雷电击中而死。

雷灾过后，五组村民帮助悲伤而无助的沈家处理了沈杰民的丧事，但全寨人谁也没有想到：这，仅仅是噩梦的开始。

2004 年 4 月，这个地处高山之巅的彝族村寨刚刚迎来春暖花开的季节，雷电再次不期而至。4 月 2 日下午 5 时许，隆隆雷声在寨子上空响起，突然一道闪电划过罗明全家的猪圈，只听一声巨响，猪圈里传来凄厉的猪叫声。罗明全壮着胆子到猪圈里一看，那头大白猪一边号叫，一边惊慌地四处转圈，而另一头黑猪早已僵死。

恐慌之中，灾难频频降临。4 月 25 日晚上，寨子上空雷电大作。29 岁的村民马海河大正在母亲家看电视，见雷打得惊人，赶紧跑回了自己家中。"你带两个娃娃先睡，我看屋里哪地方会漏雨。"他让妻子和两个孩子先睡下，自己又查看了一遍屋内的情况，才胆战心惊地躺下了。大约 10 时 30 分左右，雷电窜入马家屋内，一阵耀眼的强光过

后，床上的马海河大和两个孩子全被雷电击中昏迷。一个小时后，他妻子从昏迷中醒来，她伸手去拉丈夫，发现马海河大浑身冰凉，早已停止了呼吸。

而4天之后，穷凶极恶的雷电又一次袭击了沈家山。4月29日傍晚8时，寨子上空被乌云笼罩得严严实实，持续不断的雷声和闪电一次又一次地袭向地面。寨子里鸡飞狗叫，猪和羊吓得四处逃窜，满山乱跑。雷鸣电闪中，村民沈呷呷家突然滚进一个火球，四溅的火星将被盖引燃，待全家手忙脚乱将火扑灭后，一床被盖烧得只剩下了半截；住在山顶的村民沈玉武家更惨，雷电将一只木床腿当即打烂，睡在床上的沈妻一只腿被雷电击中，好多天还麻木不能下地……雷雨过后，寨子里一片狼藉，3头猪被雷电打死，4只鸡被烧焦；一村民家堂屋立柱上挂的杆秤被打为两截，寨子中的一株老核桃树主干被打裂，两根粗大的杉树被打断。

下雨打雷就朝猪圈羊圈里跑

"一打雷我们就往猪圈、羊圈里跑，不敢待在家里。晚上连煤油灯都不敢点。"组长罗明贵说。

自从雷击打死沈杰民后，寨子里便有许多令人恐怖的说法。有人说沈家山上有一条大蟒蛇，它修炼成蛇仙后要过雷关，所以雷老朝这山上打。还有的说这山上有一只蜈蚣虫成了妖精，雷神爷为了防止它害人，所以要把它打死。而沈玉武的母亲说得更玄："这山上有女鬼，许多人都看到过，头发又白又长，她在哪里出现，哪里就会打雷。"

一个村民也讲：每次雷灾出现的前两天，山林里都隐约传来一阵阵毛骨悚然的叫声……

持续不断的雷灾和各种鬼怪传说混合在一起，使整个沈家山处于极度的恐慌和害怕中，村民沈玉武说，"那段时间天没黑，家家就关门闭户了，晚上谁都不敢在外面走动。"

气象防雷专家三上村寨

据了解，沈家山上每年雷雨季节一到，都会遭到不同程度的雷击，1992 年山上就有几头猪被雷打死，树木等被打裂是常事，但却从未发生过人被打死的事件。

2003 年 4 月 27 日，即村民沈杰民被打死的第二天，永和乡政府就将雷灾报告了县政府。县委、政府派人到乡上进行了慰问。县气象局得到消息后，当天就和乡政府的人一起上了山。

"那次雷击之所以致人伤亡，我们当时分析是电线引起的，因为距沈家不远的配电房也遭了雷击，房里的打米机和磨面机也被打坏了，还有从配电房到沈家的电线也被打成了几截。"县气象局局长陈品海说。那次根据气象部门的建议，乡政府人大副主席姜秀才带人把电线重新更换，原来裸露的铝线换成了皮线。谁知 2004 年 4 月 25 日，与 2003 年雷打死人几乎同一天，村民马海河大在雷击中死亡。

2004 年 4 月 27 日，接到乡政府的报告后，陈品海带县防雷中心的工作人员再次爬上了沈家山。因为马海河大当时睡觉的床头距电线很近，所以防雷工作人员认为雷灾的始作俑者仍是电线。"气象局建

议村民把电线全部拆除，先避过雷雨季节再说，谁知雷打得更凶。"姜秀才说："4月29日晚上沈家山又遭受雷击后，第二天一早乡里就把情况报告了县政府。"

副县长蒲永忠当天看到雷灾报告后，马上找来了陈品海："老陈，这是人命关天的大事，不彻底解决不行，你是搞防雷的，你说咋办？"陈品海说："恐怕要把市气象局的专家请来才行。""那好，你说请专家就请专家，越快越好！"

2004年"五一"大假刚过，雅安市气象局副局长刘伟就带法制科长乔启、市防雷中心主任胡林平等人赶到石棉。第二天，乔启等人攀爬6个多小时，一一走访了沈家山上受灾的各户。勘察中，防雷专家仔细查看了沈家山的地形地貌，分析了土壤成分和泥土的潮湿度。回到雅安后，刘伟立即主持召集防雷中心、法制科、气象台、专业气象台等单位的专家研究，对沈家山频频遭受雷击情况进行详细分析，并最终形成了《雷灾成因分析》。

雷为什么总打沈家山

"经我们现场调查分析，沈家山地处山脊，气流在经过此处时由于地形的作用沿山抬升，形成雷电荷积累，极易产生雷击，而正好部分村民的住宅都建在山脊的小块平台上，加上住宅四周的森林多被砍伐殆尽，于是房屋便成了雷电袭击的首选目标。当雷电能量积累到一个临界值，一旦天气条件适宜，就极易产生雷击。"法制科长乔启告诉记者，"当地村民所建的庄宅，正好成为了雷电泄流通道，一旦有人或动物、金属物体等在通道或附近时，由于电位差而极易形成接闪雷电通道，最终造成人身或财物损失。"

在那次雷灾分析会上，专家们同时分析了雷灾频发的另一个原因：该组在 20 世纪 70 年代中期便安装了供电线路，当时是由电力公司的安装队安装，其线路上每间隔一定距离便进行了防雷接地，所以近 20 多年来该地未受到大的雷灾。后来由于多方原因，供电线路被拆除，村民们自发架设了线路。而改建后的线路由山下沿山脊向山上架空引入，线路走向和山脊走向基本一致，且未有任何防雷措施，给雷电波的入侵提供了良好通道，所以近年来雷灾频频。市防雷中心主任胡林平也告诉记者："雷灾频发还有一个因素：近年来山上的村民收入增加，购置和使用家用电器的数量增多，而且存在乱拉乱接、线路裸露过多等多种因素，给雷电袭击造成了可乘之机。"

至于为何连续两年都在 4 月发生雷打死人的现象，市专业气象台台长龙从彬从气候角度分析指出："近年来随着全球气候变暖，石棉县的强对流天气较过去增多，雷暴日数也在相应增加。而且暖冬现象突出，整个雅安市的暖冬已经持续了 5 年，这使得大气热能量在春秋季较集中，因而沈家山的雷灾多出现在春秋季。"

政府决定雷灾村整体搬迁

2004 年 5 月 30 日，雅安市气象局将一份翔实的《石棉县永和乡裕隆村五组雷灾成因分析》交给了石棉县政府。《成因分析》指出：裕隆村五组近年来不断遭受雷击事故，有人为因素，但主要是由于该

组所处的地理特殊性造成的。如果在该处设置相应的防雷装置进行保护，投入的经费很大，而且村民居住分散，安装防雷装置不太现实，因此，建议当地政府采取一定的措施，对该处村民进行整体搬迁。

　　6月3日，石棉县政府召开常务会议，采纳了气象部门的建议，决定裕隆村五组整体搬迁。

（原载《气象知识》2005年第3期）